大话芯片制造

半導体工場のすべて
設備 材料 プロセスから復活の処方箋まで

从工厂、制造、工艺、材料
到行业战略

[日]菊地正典 著
周忠 译

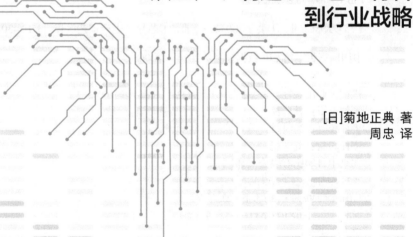

机械工业出版社
CHINA MACHINE PRESS

本书是一本关于半导体芯片制造全景的入门书。

本书以轻松有趣的风格全面讲解芯片制造工厂的基础设施、设备、相关制造工艺、原理、材料、检验等相关信息，从科普到深入的"工厂"视角，沉浸式讲解芯片制造产业，读者不仅可以从传统角度理解半导体芯片，还可以从人、产品、资金和产业的角度全面理解半导体芯片。关于芯片制造工厂的知识不仅值得相关行业的人员学习，也可以作为其他行业的人员在制造方面的参考。

本书适合集成电路行业的从业者、研究者、相关专业师生和感兴趣的大众读者阅读。

Handotai kojo no subete

by Masanori Kikuchi

Copyright © 2012 Masanori Kikuchi

Simplified Chinese translation copyright © 2024 by China Machine Press

All rights reserved.

Original Japanese language edition published by Diamond, Inc.

Simplified Chinese translation rights arranged with Diamond, Inc.

through Shanghai To-Asia Culture Communication Co., Ltd

此版本仅限在中国大陆地区（不包括香港、澳门特别行政区及台湾地区）销售。未经出版者书面许可，不得以任何方式抄袭、复制或节录本书中的任何部分。

北京市版权局著作权合同登记　图字：01-2022-3914号。

图书在版编目（CIP）数据

大话芯片制造：从工厂、制造、工艺、材料到行业战略/（日）菊地正典著；周忠译. —北京：机械工业出版社，2024.4（2025.4重印）

ISBN 978-7-111-75531-9

Ⅰ．①大… Ⅱ．①菊… ②周… Ⅲ．①芯片 – 生产工艺 Ⅳ．①TN430.5

中国国家版本馆 CIP 数据核字（2024）第 068032 号

机械工业出版社（北京市百万庄大街22号　邮政编码100037）

策划编辑：林　桢　　　　　　责任编辑：林　桢
责任校对：高凯月　陈　越　　封面设计：鞠　杨
责任印制：刘　媛
北京中科印刷有限公司印刷
2025年4月第1版第2次印刷
170mm×230mm・12.5印张・232千字
标准书号：ISBN 978-7-111-75531-9
定价：89.00元

电话服务　　　　　　　　　网络服务
客服电话：010-88361066　　机 工 官 网：www.cmpbook.com
　　　　　010-88379833　　机 工 官 博：weibo.com/cmp1952
　　　　　010-68326294　　金 书 网：www.golden-book.com
封底无防伪标均为盗版　　　机工教育服务网：www.cmpedu.com

在芯片制造过程中，由芯片制造厂商把需要改进的意见，反馈给芯片设备制造商和材料供应商。芯片设备制造商和材料供应商改进设备及材料后，重新提供新一代的生产工艺。双方共同解决问题，促使工艺水平螺旋式上升，开启制造的良性循环。一代又一代工程师艰辛努力，挑战一个接一个的人类极限，促使芯片制造级别从数百纳米发展到目前的 2nm。

芯片制造过程中遇到的一般问题，本书都有涉及。有关当今的热门话题，只要拥有先进的设备（比如光刻机）是否就能造出相同级别的芯片？本书给出的答案是：使用相同的设备不一定能生产出相同的芯片。本书作者菊地正典先生作为日本芯片制造的资深专家，自然有其丰富的业界经验及独特的见解。他自始至终传递给读者的信息就是，坚持制造的科学规律，而且不因循守旧，是提高制造精度的良方。

本书内容深入浅出，没有晦涩难懂的公式和高深的理论，即使没有任何经验的初学者，通过本书的学习，也能够初步了解整个半导体芯片的制造工艺程序，对半导体芯片制造形成完整的认识。当你读完本书，可以说对如何制造半导体芯片已经基本了然于胸，接下来就是实践应用了。

为方便读者，原文对不容易理解的部分增加了比较详细的注释。半导体芯片领域的发展日新月异，本书的内容也有其局限性。为了保持内容的完整，原文仍然全文译出，供读者选择阅读。

目前国家倡导大力发展芯片工艺，在发展先进芯片设计领域的同时，也注重芯片制造领域的平衡发展。希望本书能够从入门阶段开始，引导更多人对芯片制造的科学理解，一步一个脚印实现先进制造技术，为人类的芯片制造做出贡献。

我们生活的环境中充满了各种各样的电子设备。无论在家或者公司，当你在学习、工作中，以及旅行期间，你都不太可能摆脱电子设备。

具体而言，计算机、液晶平板电视机、DVD、智能手机、平板终端（iPad等）、数码相机、汽车导航系统、电子书阅读器等电子设备数不胜数。

这些电子设备中都预先设置了必要的智能功能，而其正是通过半导体来实现这些功能的。因此，半导体已成为支撑现代社会基础的重要组成部分。

虽然在书店里可以找到许多面向普通读者的半导体入门书籍和手册，但说到这些半导体的制造地点和制造方式，几乎是不为大众所知的。即使有机会参观工厂，也很难见到拥有许多无尘室的半导体生产线。

本书以"大话芯片制造"为主题，希望能以通俗易懂的方式，从各个角度解释半导体制造，让更多人对它产生兴趣。本书不是仅仅简单地解释半导体工厂的结构和功能，而是根据笔者的实际工作经验介绍了许多诸如"流行话题""背景知识"和"实际应用"的知识。在读者阅读本书的过程中，会逐渐对半导体工厂的整体形象和核心结构形成完整的认识。

半导体是先进技术产品，而制造它们的半导体工厂本身可以说是凝聚先进技术、专业技能和智能系统于一身的先进制造场所。因此，关于芯片制造工厂的知识不仅值得相关行业的人员学习，也可以作为其他行业的人员在制造方面的参考。希望本书能对读者有所帮助。

然而，尽管本书介绍了作为先进制造场所的日本半导体工厂，但近年来日本半导体产业的衰落也是有目共睹的。鉴于日本半导体曾经在20世纪80年代主导过世界市场，作为一个长期涉足半导体产业的专家，对此难免有些伤感。但是如果从此放弃这一行，恐怕失去的将会更多。

　　因此，在本书中，笔者敢于设立一章，题为"日本半导体'复活的药方'"，并给出个人的看法：克服日本企业的弱项，以坚定的眼光和决心在战略上高效地开发产品；同时发挥日本企业的强项，进一步提高和发展在生产领域的制造水平。

　　同时，一定要在全球率先开发和量产可以引领下一代商业模式的领先技术，以赢得激烈的竞争。为此，首先需要公众和政府以及产业界、学术界的理解与合作，不仅包括半导体产业，还包括其他产业。笔者希望在本书最后一章中所说的内容能对日本半导体产业的复兴有所帮助。

菊地正典

Contents 目录

漫游半导体工厂

1.1 鸟瞰半导体工厂：厂房、办公楼、工厂周边配电设备以及储罐

图 1-1 所示，这是半导体工厂的整体鸟瞰图。半导体工厂极其忌讳灰尘，几乎所有的工艺均在无尘室里完成，所以即使到工厂参观考察，也受到限制不能深入内部。

半导体工厂一般分为三部分：①办公楼；②厂房；③周边设施。周边设施包括各种附属设备和停车场等。而厂房是制造工艺的核心部分，本节首先简单介绍，后面将对包括无尘室在内的制造环节进行详细说明。

1. 办公楼的行政功能（见图 1-2）

办公楼具有管理整个工厂的（行政）功能。本书用一栋假想的 4 层办公楼加以说明。

（1）1 楼一般设有展示厅，总经理或者厂长的办公室，总务部、人事部、计划部、采购部等各部门的办公室，接待室，以及大大小小的会议室。

展示厅里有公司发展历史的介绍，还有正片[⊖]、镶嵌 IC 的成品晶圆、封装后的 IC 芯片、含有 IC 芯片的主要产品（如智能手机、数码相机、汽车导航装置、计算机、数码产品）等样品的展示，并附有简单说明。

⊖ 正片（Prime Wafer）：是指镜面抛光后的晶圆，以区别于以下在正片基础上再加工的晶圆。
外延晶圆（Epitaxial Silicon Wafer，Epi Wafer）：用于晶体生长的晶圆基板。
绝缘体上硅（薄膜）晶圆（Silicon on Insulator Wafer，SOI Wafer）：在氧化膜上形成单晶硅层结构的晶圆，两片晶圆贴合，中间夹层为氧化膜。

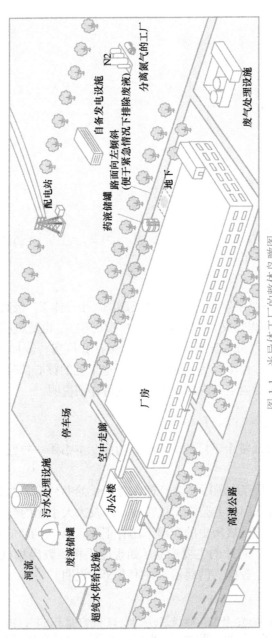

图 1-1　半导体工厂的整体鸟瞰图

楼层	位置	功能
4	食堂等	食堂、咖啡厅、报纸杂志阅览室
	空中走廊	办公楼的 4 楼和厂房的 2 楼相连构成空中走廊
3	相关部门	封装技术部（负责封装工艺） 检验技术部（负责检验和鉴别工艺） 设备部（负责前道和后道工序的设备） 质量检验部（负责质量保证（QA）系统、ISO 标准、接待外部监察等）
	会议室	中小型会议室、会客场所等
2	相关部门	生产技术部（负责整个产品的制造技术和工艺，也包含一部分的设计技术或者计算机集成制造（CIM）技术）
	会议室	中小型会议室、会客场所等
	简易图书馆	相关技术的杂志、图书、论文、学会演讲等
	吸烟处	设有特殊排气设备的密闭空间
1	展示厅	介绍公司的发展历史，展示正片、成品晶圆、封装后的 IC 芯片、含有 IC 芯片的主要产品（如智能手机、数码相机、汽车导航装置、计算机、数码产品）等样品，并附有简单说明
	接待室	用于接待客户
	总经理或者厂长办公室	也可能有只有厂长，没有总经理的情况
	相关部门	总务部、人事部、财务部、计划部、采购部
	会议室	大中小型会议室

图 1-2　办公楼的行政功能

办公楼里有厂长、各部门的部长（类似于分厂厂长或者部门经理。——译者注）、科长、主任以及负责人员。各部门原则上独立，但是相关人员也可能兼任职务。比如总务部负责人经常兼任人事或者财务部门领导职务。

会议室一般分为三种类型。

1）大型会议室，可以容纳 50 人以上，设置有投影仪等专用屏幕，用于公司的大型活动。

2）中型会议室，可以容纳 20 人左右，除投影仪或者屏幕以外，一般还设置有视频会议的专用设备。用于总公司和其他工厂召开的联合视频会议。

3）小型会议室或者公共场所（会客场所），一般仅供数人的商谈使用。

（2）2 楼设有生产技术部（负责整个产品的制造技术和工艺）的办公室。生产技术部负责一部分的设计技术或者计算机集成制造（Computer Integrated Manufacturing，CIM）技术工作。2 楼一般还包括有中小型会议室，以及作为公共场所的会客场所、简易图书馆、吸烟处（逐渐减少中）等。

（3）3 楼设有封装技术部（负责封装工艺）、检验技术部（负责检验和鉴别工艺）、设备部（负责前道和后道工序的设备）、质量检验部（负责质量保证（QA）系统、ISO 标准、接待外部监察等）。还包括有中小型会议室、会客场所等。

（4）4 楼设有食堂、咖啡厅、报纸杂志阅览室等。

2. 厂房的主要部分是生产线（见图 1-3 和图 1-4）

除了生产线以外，还兼有其他各种功能。

大部分厂房的 1 层楼高度是办公楼的 2 倍。办公楼的 4 楼和厂房的 2 楼相连构成空中走廊。厂房的 1 楼作为制造现场，一般以扩散工艺（前道工序）为主，也包括制造部的办公室（负责前道工序），设备、机器、生产材料的搬入口，零件仓库（根据计算机指令实现机器人自动运输的自动化仓库），高压配电室，气瓶室（设有特殊气体供给柜（Cylinder Cabinet）），分析室（SEM、TEM、FIB、SIMS 等）[⊖]，化学实验室（具有通风排气功能的药品处理柜）等，以及正面大门、员工专用出入口、储物柜（用于更换工作服）。

2 楼主要是晶圆的检验和后道工序（封装检验工艺）场所，也包括制造部的各部门（负责晶圆检验、封装检验），实施老化测试的可靠性测试室，特性测试室（负责包括晶体管特性在内的电路特性的测试和评价），设备维护部门，中央控制室（持续监控无尘室的温度、湿度以及附属设备的状况），计算机室（放置用于控制工厂运行的大型计算机或者服务器），轮班制员工的休息室、午休室、保健室等。

本例以 1 楼为前道工序，2 楼为后道工序的布局进行说明。可能一些工厂的生产情况与此不完全一致，需要具体分析。

⊖　SEM：扫描电子显微镜（Scanning Electron Microscope）。
　　TEM：透射电子显微镜（Transmission Electron Microscope）。
　　FIB：由电场加速的精细离子束聚焦设备（Focused Ion Beam）。
　　SIMS：二次离子质谱计（Secondary Ion Mass Spectrometer）。

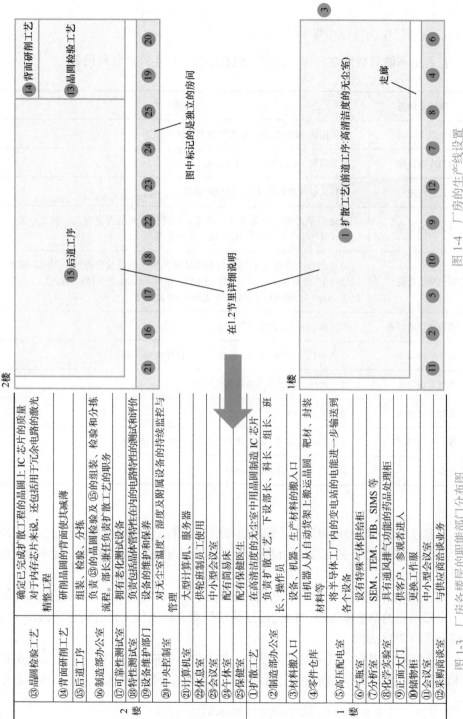

图中标记的是独立的房间

在1.2节里详细说明

图1-4 厂房的生产线设置

①扩散工艺(前道工序:高清洁度的无尘室)

走廊

15后道工序

14背面研削工艺 13晶圆检验工艺

⑬晶圆检验工艺	确定已完成扩散工程的晶圆上IC芯片的质量，对于内存芯片来说，还包括用于冗余电路的激光精整工程	
⑭背面研削工艺	研削制圆的背面使其减薄	2楼
⑮后道工序	组装、检验、分拣	
⑯制造部办公室	负责⑬的组装、检验和分拣流程。部长兼任负责扩散工艺的职务	
⑰可靠性测试室	拥有老化测试设备	
⑱特性测试室	负责包括晶体管特性在内的电路特性的测试和评价	
⑲设备维护部门	设备的维护和保养	
⑳中央控制室	对无尘室温度、湿度及附属设备的持续监控与管理	
㉑计算机室	大型计算机、服务器	
㉒休息室	供轮班制员工使用	
㉓会议室	中小型会议室	
㉔午休室	配有简易床	
㉕保健室	配有保健医生	
①扩散工艺	在高清洁度的无尘室中用晶圆制造IC芯片	1楼
②制造部办公室	负责扩散工艺、下设部长、科长、班长、操作员	
③材料搬运入口	设备、机器、生产货架上搬运晶圆、靶材、封装材料等由机器人从自动货架上搬运晶圆	
④零件仓库	材料等	
⑤高压配电室	将半导体工厂内的变电站的电能进一步输送到各个设备	
⑥气瓶室	设有特殊气体供给柜	
⑦分析室	SEM、TEM、FIB、SIMS等	
⑧化学实验室	具有通风排气功能的药品处理柜	
⑨正面大门	供客户、参观者进入	
⑩储物柜	更换工作服	
⑪会议室	中小型会议室	
⑫采购商谈室	与供应商洽谈业务	

图1-3 厂房各楼层的职能部门分布图

3. 周边设施的各项功能（见图 1-5）

目光也不能只聚焦在厂房，其周围也有维持工厂生产的各种设备。

设施及设备	功能
配电站	将电压从 66000V 降压后传输到半导体工厂
自备发电设施	紧急情况下燃烧重油，用于发电
分离氮气的工厂	直接从空气里分离氮气，供生产需要
气体供给设备	对使用量大的气体采用从集中式储罐到生产线的管道配气，例如，氮气（N_2）、氧气（O_2）、氢气（H_2）、氩气（Ar）等
药液供给设备	对使用量大的药液采用从集中式储罐到生产线的管道配液，例如，硫酸（H_2SO_4）、氢氟酸（HF）、盐酸（HCl）、硝酸（HNO_3）、磷酸（H_3PO_4）、过氧化氢（H_2O_2）、异丙醇（IPA）、甲乙酮（MEK）等
超纯水供给设备	将河水、地下水净化成超纯水
污水处理设施	中和 pH 值、处理细菌、收集污泥，再排放到河流中
废气处理设施	排气洗涤，经吸收塔排放到大气中
废物保管仓库	暂时保管废物
紧急废液储罐	化学药液泄漏时，需要用大量的水稀释后暂时储存
停车场	供客户、员工及供应商使用

图 1-5　周边设施

这些设施首先是将电力公司传输的超高压电力降压并分配给工厂的配电站，以及紧急停电情况下配备的自备发电设施。半导体工厂内配备的电力设备一般不为大众所知。

还有可以直接从空气里分离氮气的现场工厂[⊖]。半导体工厂需要使用大量氮气，全部购买的话成本太高，因此通过从空气里分离氮气是比较实惠的做法（空气成分里约 78% 是氮气）。

其他还有大量使用气体的气体设备、集中供给药液的药液设备、大量使用超纯水的纯水供给设备等。超纯水是指含有极少异物的特殊规格的水。在半导体芯片

⊖　现场工厂：指半导体工厂内设有制造氮气的设备直接进行制造。

制造的各项工艺里，需要多次使用超纯水清洗杂质，因此超纯水设备必不可少。

而且还需要有污水处理设施（包括 pH 值中和、细菌处理、收集污泥、河流排放）、废气处理设施（排气洗涤、吸收塔、大气排放）、废物保管仓库、紧急废液储罐（化学药液泄漏时，需要用大量的水稀释后暂时保管）等。同时从工厂排放废水之前，一般要进行细菌处理。

出乎意料的是，大量占用空间的居然是供客户、员工及供应商使用的停车场。特别是位置比较偏远的工厂，需要确保驾驶私家车上班的员工车位。

1.2　工艺总检查：从扩散工艺到检验鉴别工艺

参考 1.1 节厂房的介绍图（参见图 1-4），1 楼设置有扩散工艺[⊖]（前道工序制造），2 楼设置有晶圆检验工艺、封装和检验工艺（后道工序制造）。

当然并非一定要照搬 1 楼和 2 楼的设置，只不过采用 1.1 节中设想的工厂为例更加容易理解。

1. 扩散工艺

扩散工艺设在洁净的无尘室。与高清洁度的扩散工艺相比，晶圆检验工艺、封装和检验工艺的要求没有那么高，设定的清洁度也较低。根据工艺的不同，可以改变清洁度的设定，因为工厂会有意识地考虑成本问题。

图 1-6 所示为扩散工艺，其采用隔间式清洁方式，区别于整体清洁区，在中央通路附近设有局部无尘区。

图的中央部分，在屋顶上有长距离直线电动搬运车环状运行。在搬运车和临时保管晶圆用的货物台之间，通过升降机上下移动存储晶圆的晶圆盒。

在无尘室中，设置了构成生产区域的局部空间，其中排列着用于薄膜沉积、光刻、刻蚀、离子注入、热处理、化学机械抛光（Chemical Mechanical Polishing，CMP）、清洗的制造设备[⊖]，而且配置了各种测量设备，可以说这里是半导体工厂的心脏。

如果要在局部空间的短距离内搬运晶圆盒，可以使用自动导引搬运车（Automatic Guided Vehicle，AGV）或者无线搬运机器人，两者已广泛应用于半导体工厂。

⊖　扩散工艺：利用扩散现象，在硅元素里注入导电离子是半导体制造中具有代表性的工艺。

⊖　薄膜沉积：在基板上沉积薄膜。光刻：通过曝光制作电路图案。刻蚀：利用腐蚀实施表面加工处理。化学机械抛光（CMP）：使晶圆表面平坦化。

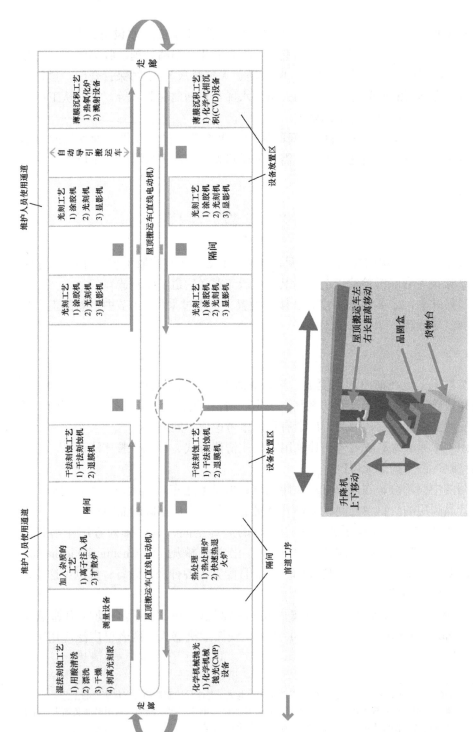

图 1-6　扩散工艺的示意图（增加有关搬运车、升降机、晶圆盒及货物台的相互空间关系的图示说明。——译者注）

2. 晶圆检验工艺

图 1-7 所示为晶圆检验等工艺，用于判断晶圆上的 IC 芯片合格与否，以及使用冗余电路进行修补。当电路的一部分因为故障不能工作时，可以使用冗余电路作为布线在 IC 芯片内实施修补。通过引入冗余电路，可以防止 IC 芯片出现故障（导致产品损坏而废弃）。

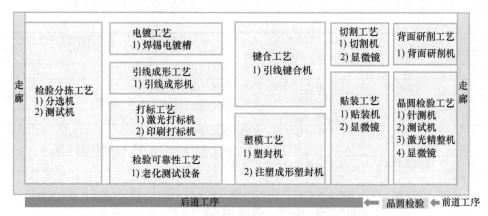

图 1-7　晶圆检验、背面研削、后道工序生产线的示意图

下一步通过背面研削工艺减薄晶圆，然后在切割工艺中用切割机将晶圆分割为一个个的 IC 芯片。

3. 封装和检验工艺（后道工序制造）

在封装线上，通过贴装工艺将 IC 芯片安装在封装的框架中心，芯片上的电极和封装的引线引脚在键合工艺中使用极细的金线连接，再用塑封覆盖完成封装。

然后依次实施引线引脚的焊锡电镀，引线引脚的成型，封装表面的打标。

最后作为成品的 IC 芯片，在检验工艺上，根据产品规格，通过测量电子特性以判断其是否合格。在此阶段即使发现不良产品，通过接通前述的冗余电路，在某些条件下仍然可以继续使用。为了剔除初期的不良芯片，可以施加一定温度和电压，实行全数的老化测试检验，以鉴别合格与否。

最终完成的 IC 芯片在离开半导体工厂后，直接运到客户手上，或者送到经销商进行销售。

1.3 组织人事结构：厂长以下设立生产技术部和设备技术部

让我们来看一看半导体工厂的组织形式和工作分工。

如果工厂是作为总公司以下的一种专业型的子工厂（生产型替代公司）独立存在的话，工厂的领导被称为总经理⊖。如果只是作为总公司的一个下属工厂的话，工厂的领导就是厂长。厂长以下各部门的工作分工如下（见图1-8）：

总经理		如果工厂作为总公司以下的一种专业型的子工厂（生产型替代公司）独立存在的话，应设有总经理
		厂长
1	环境工程部	负责电力、纯水、药液、气体、无尘室的监控
2	人事部	负责招聘操作员、考核员工业绩、调整接纳借调人员等
3	财务部	调整转让定价（TP）
4	生产技术部	负责半导体扩散工艺的产品和技术工作 如果有后道工序的工厂，除了生产技术部以外，还有封装技术部
5	设备技术部	负责新购设备和维护现有设备
6	制造部	部长 每条生产线设立以下的职位：科长、组长、班长（如果是四班三倒的轮班工作制，每条生产线上将设4个班长）
7	信息技术部	负责维护办公自动化环境、计算机集成制造系统
8	质量检验部	负责质量检验、ISO认证、外部监察、处理客户投诉、解析不良原因
9	采购部	协调原材料制造商，管理库存

图1-8 半导体工厂的组织形式和工作分工

（1）环境工程部：负责电力、纯水、药液、气体、无尘室的监控、保养和管理等。电力和纯水的稳定供给是半导体工厂的命脉。

（2）人事部：负责招聘操作员作为正式员工，也负责招聘相关部门的员工，考核员工业绩，调整接纳总公司的借调人员等。

（3）财务部：调整及决定向总公司出售产品时的售价。这种价格又称转让定价（Transfer Price，TP），由子公司和总公司之间根据经营状况协商决定。

（4）生产技术部：负责与半导体扩散工艺有关的所有技术工作。生产技术部一般分为产品和工艺两个小组。如果有后道工序的工厂，除了生产技术部以外，还有封装技术部。

⊖ 一般情况下，公司的总经理在日语里称为社长，工厂的厂长在日语里称为工厂长。生产型替代公司在法律上是子公司，但是NEC公司将旗下的工厂作为生产型替代公司提高到与总公司同等级别的专业公司的地位，因此说到生产型替代公司，就是特指专注于生产的一种专业型的子工厂。在这种工厂里的领导就不是厂长（工厂长），而称为总经理（社长）。——译者注

（5）设备技术部：负责安装新购设备，维护和保养现有设备。

（6）制造部：拥有数条生产线时，部长以下的每条生产线设立科长、组长、班长。以班长为例，如果是四班三倒的轮班工作制，在每条生产线上将设 4 个班长。

（7）信息技术部：维护和改善全厂的办公自动化（Office Automation，OA）[⊖]环境。使用、维护和改善计算机集成制造（Computer Integrated Manufacturing，CIM）系统。

（8）质量检验部：构筑和维护工厂内的质量保证（Quality Assurance，QA）系统。负责国际标准化组织（ISO）的认证，接待客户的外部监察，处理客户的投诉，解析不良的原因等。

（9）采购部：与原材料制造商进行谈判，管理耗材的库存等。

1.4　工厂的选址：水、电、高速公路，还有其他必须条件

什么是有利于半导体工厂的地理条件？

半导体芯片制造工艺总体上分为两部分，在晶圆上镶嵌大量 IC 芯片的前道工序，以及将完成的晶圆切割成单独的芯片，封装后进行检验的后道工序。

1. 1 天的超纯水使用量达 3000 吨

一般来说，半导体工厂的前道工序和后道工序分属于不同的工厂。以最具半导体生产特色的扩散工艺的工厂为例，什么是有利于半导体工厂的地理条件呢？

IC 芯片制造需要大量的超纯水。需要量根据工厂的规模和产品规格而不同，比如每月量产 1 万片的生产线需要消耗的超纯水高达 3000 吨。当然可以回收再利用一部分水，不过工厂必须建在水源附近。工业用水、地下水（井水）、河水均可以作为超纯水的水源。大量水源的长期稳定供给是半导体工厂的必要条件。

2. 1 天消耗 90 万度（kW·h）的电量

电力的供应同样重要。从用途来说，生产设备占消耗电量的 50%，空调热源占 40%，污水处理设备及其他占 10%。1 天消耗的电量达 90 万度（kW·h）。电量的稳定供应更是关键[⊜]。2011 年 3 月 11 日，日本大地震时，东京电力公司在管辖区内实施了轮流停电。而一旦停电，仅仅是精密设备的恢复就需要数日。

⊖　OA：充分利用个人计算机、传真、复印机等，提高办公室工作的业务效率。

⊜　确保电力：一般情况下，半导体工厂要确保自己的电力供应，同时当自己的备用电源不能保证所有的设备同时用电时，需要决定用电的优先顺序。

3. 高速公路和机场

轻、薄、短、小$^{\ominus}$是 IC 芯片固有的特点，向国内外出货运输时，一般选择汽车和飞机，因此优先选择在高速公路和机场的附近建厂。另外，确保可以方便地招聘到高水平的操作人员也是选址条件之一。人员既可以从总公司借调，也可以从当地招聘。

当然还有受地震和台风影响较小的条件等。

4. 其他必须条件

与以上条件完全不同的是，在现实中还存在着必不可少的选址条件。那就是工厂所在地的当地政府的招商引资力度。这不仅仅限于半导体芯片行业，当地政府是否欢迎建厂，是否期待投资，其效果可以说有云泥之别。

比如，是否有工业用地和工业地区，是否有税务的优惠等，都差别巨大。图 1-9 所示是日本国内主要半导体工厂的分布图，根据其地理特征不难理解选址条件。

2012年1月

● 前道后道的综合工序
○ 前道工序
◉ 后道工序

图 1-9　日本国内主要半导体工厂的分布图

$\ominus$　轻、薄、短、小：即轻量化、薄型化、小型化的含义，与钢铁重工业的"重、厚、长、大"相对比而言。

1.5　拥有变电站的半导体工厂：各种各样的防停电措施

前面已经说明，半导体工厂的基本能源是电力。

半导体工厂内设置的变电站首先将来自超高压变电站的电压降至 6600V，然后再分门别类地降压至三相 400V、三相 200V、单相 200V、单相 100V，之后再提供给各条生产线（见图 1-10）。

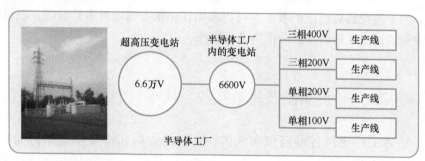

图 1-10　工厂供电途径

万无一失的防停电措施。突发情况时，在输电铁塔没有倒塌的情况下，超高压输电能够做到将停电时间缩短到 14s 以内。在由雷电引起的特殊停电情况下，针对 0.35s 以内的瞬间停电（瞬停），最好使用装载双电层⊖电容器的瞬间电压降低对策设备（UNISAFE）。针对 5min 左右的停电，最好使用如图 1-11 所示的蓄电池不间断电源（Uninterrupted Power Supply，UPS）系统。特别是在瞬间停电时，对用于减少有害气体排放的设备、计算机以及各种自动控制设备来说，数据的备份极为重要。

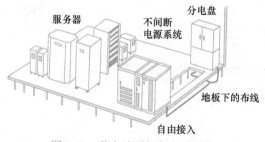

图 1-11　蓄电池不间断电源系统

⊖　双电层：当正电荷分布在表面的一侧，而负电荷分布在另一侧时，它们之间的间隔很窄，并且这些电荷的面密度相等，称为双电层。

如果停电时间更长的话，为了确保紧急时以下设备的正常运行，会启用燃气涡轮发电机等自备的发电设备维持生产。

1）与安全有关的设备的运转。

2）生产设备的运转。

3）维持无尘室的清洁度。

根据自备的发电设备的发电能力，决定"需要备份"的先后顺序。

导致瞬间停电最可能的原因是雷电。通常的 A 类接地[⊖]的接地电阻为 10Ω 以下。工厂附近的雷电造成的影响除了停电以外，还会引起计算机等电子设备的故障。为了避免这种情况的发生，可以采用在建筑上深埋避雷针地线，也可以在土壤中安置避雷针的分支以分散电流等措施。

1.6　药液、气体的供给及排放系统：从空气中提取大量氮气

半导体工厂使用各种药液和气体。它们的供给和排放情况如何呢？（见图 1-12 和图 1-13）。

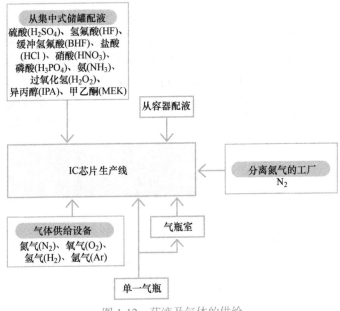

图 1-12　药液及气体的供给

⊖　A 类接地：指高压或者特高压的电机设备的金属外箱、避雷器等的接地种类，以防止高压设备导致的触电事故。

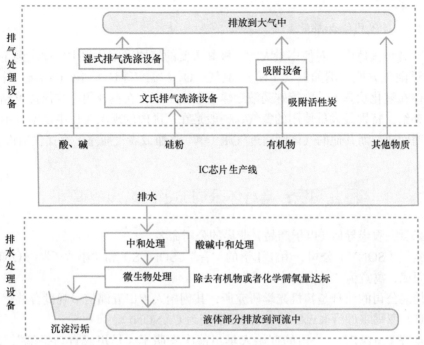

图 1-13　药液及气体的排放

1. 药液的供给和排放

在各种药液中，对使用量大的、极其重要的药液采用从集中式储罐到生产线的管道配液方式。例如硫酸（H_2SO_4）、氢氟酸（HF）、缓冲氢氟酸（BHF）$^{\ominus}$、盐酸（HCl）、硝酸（HNO_3）、磷酸（H_3PO_4）、氨（NH_3）、过氧化氢（H_2O_2）、异丙醇（IPA）、甲乙酮（MEK）等。这些被用于半导体生产级别的超高纯度药液，由特殊药液运输车运往工厂，在室外集中式储罐里储存并按时补给。

对于使用量较少或者特殊的药液，在注入专用容器后直接运入无尘室。

使用后的药液，首先进行酸碱中和处理，再利用微生物进行生物处理，去除有机物，或者在化学需氧量（COD）$^{\ominus}$ 达标后，在沉淀槽内沉淀残留污垢，最后液体部分排放到河流中。残留的污垢则交由专门的废料回收公司进行处理。

$\ominus$　缓冲氢氟酸（Buffered Hydrofluoric Acid，BHF）：氢氟酸（HF）和氟化氨（NH_4F）的混合液体，用于多层的硅氧化膜刻蚀。——译者注

$\ominus$　化学需氧量（Chemical Oxygen Demand，COD）：水质检测的常用指标之一，是指对水中可被氧化的物质实施氧化时，所需的氧气量，又称氧气消耗量。

2. 气体的供给和排放

在各种气体中，对使用量大的、极其重要的气体采用从集中式储罐到生产线的管道配气方式，例如氮气（N_2）、氧气（O_2）、氢气（H_2）、氩气（Ar）等。这些气体在液化状态下，由特殊药液运输车运往工厂，在室外集中式储罐里储存并按时补给。特别是大量使用的氮气，一般是在厂区内的现场工厂中从空气中液化和蒸馏而成。而其他的气体则通过气瓶（单一气瓶或者气瓶室）直接供给设备。

行业知识：半导体公司命名的逸闻趣事

来看一看半导体（电子产品）业界的公司命名。

索尼（SONY）公司，由拉丁语的"音"（SONUS）和"小伙子"（SONNY）组合而成，寓意为"活泼的小伙子"。

佳能公司的前身是精机光学研究所，其创始人吉田五郎信奉观世音菩萨，观音的日文罗马字母为KWANON，之后演变为CANON。

夏普（SHARP）公司的创始人早川德次发明了"早川式自动铅笔"，之后改进为"尖芯铅笔"。取"尖芯铅笔"的英语Sharp Pencil的首词，便命名为SHARP公司。

2012年2月申请破产的日本唯一一家生产动态随机存储器（DRAM）的公司——尔必达（ELPIDA）内存公司，由希腊语"ELPIS（希望）"而命名。

曾经雄霸一方的日本半导体公司瑞萨电子（RENESAS）公司，名字由法语的"re（重新）"和"naissance（诞生）"组合而成，寓意为"复兴"（Renaissance）。

每个命名，都能感受到创业之初的远大理想，意气风发。对比今天的凋落和低迷，不由怅然遗憾。

再把目光投向日本以外的半导体公司。

美国英特尔（Intel）公司的命名来自集成电子设备（Integrated Electronics）。

美国微软公司命名来自于超微小型机器用软件（Micro soft），故得名微软（Microsoft）。

荷兰恩智浦（NXP）公司，其前身是飞利浦半导体（Philips Semiconductor）公司。从"下一次体验飞利浦"（Next Experience Philips）的语句中提炼成了Nexperia这款产品品牌，最终缩写为恩智浦（NXP）。

每家公司的命名都寄托着创业者的无限情怀。

集成电路制造过程

2.1　什么是半导体：一半导电的导体

这是最常见也最难回答的问题。半导体是指介于容易导电的导体和不易导电的绝缘体之间的中间特性的物质。半导体的英文为 semiconductor。由于 semi 是"一半"的意思，conductor 是"导体"的意思，因此它确实意味着半导体是"只有一半导电的导体"。然而，"容易或不易导电"的表述过于模棱两可。如图 2-1 所示，再严格一点，半导体是指电阻率的范围从 $1\mu\Omega\cdot cm$ 到 $10M\Omega\cdot cm$ 的一类物质。换而言之，电阻率小于 $1\mu\Omega\cdot cm$ 的物质被归类为导体，电阻率大于 $10M\Omega\cdot cm$ 的物质被归类为绝缘体。

分类		电阻率 /$\Omega\cdot cm$	代表物质
导体		小于 1μ（10^{-6}）	金（Au）、银（Ag）、铜（Cu）、铁（Fe）、铝（Al）等
半导体	元素半导体	介于 1μ（10^{-6}）和 $10M$（10^{7}）之间	硅（Si）、锗（Ge）、硒（Se）、碲（Te）等
	化合物半导体		砷化镓（GaAs）、磷化镓（GaP）、氮化镓（GaN）、锑化铟（InSb）、磷化铟（InP）、砷化铝镓（AlGaAs）、砷化铝镓铟（AlGaInAs）等
	金属氧化物半导体		氧化铟镓锌（IGZO）、氧化铟锡（ITO）、氧化锡（SnO_2）、氧化钇（Y_2O_3）、氧化锌（ZnO）等
绝缘体		大于 $10M$（10^{7}）	橡胶、陶瓷、塑料、油类等

图 2-1　半导体的电阻率

　　典型的导体包括金、银、铜、铁和铝等金属（银的电导率最高），绝缘体包括橡胶、陶瓷、塑料和油。事实上，半导体的这种有趣特征不仅在于它们具有介于导体和绝缘体之间的电阻率，还在于随着物理状态（有无杂质等）以及温度和压力等环境条件的变化，它们能变成导体或绝缘体，其电路特性也会发生很大变化。

　　半导体也有各种类型，例如由单一元素组成的"元素半导体"、由两种或多种元素的化合物组成的"化合物半导体"，以及由某些类型的金属氧化物组成的"金属氧化物半导体"。根据半导体的不同特性，可以应用于各种不同的领域。不过其中最具代表性的半导体是硅（Si）元素半导体。因此本书中的内容，大部分都是有关硅元素半导体的论述。

　　图 2-2 所示，硅是原子序数为 14 的 IVA 族元素，它与周围的四个硅原子通过共享电子（共价键）键合，形成单结晶[⊖]结构。各种半导体电子器件和集成电路是在被称为晶圆的单结晶硅片上制造的。不过要注意，人们一般在谈及"半导体"[⊖]时，往往将二极管、晶体管、集成电路、大规模集成电路（LSI）统称为半导体，而不是上面提到的器件或材料的特性。换句话说，半导体电子器件和设备有时也被称为半导体。

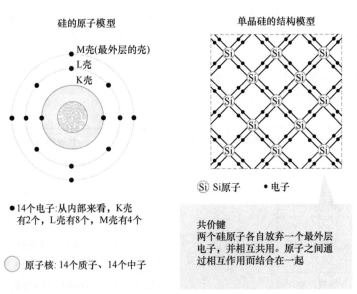

图 2-2　硅原子和单晶硅

⊖　单结晶：在所有三维方向上规则排列的晶体结构，或者具有相似特征的结构。

⊖　半导体：也指半导体芯片。闪存芯片是最具代表性的非易失性存储器，用于数码相机等电子设备中。而动态随机存储器（DRAM）是易失性存储器，用作计算机的主存储器。

2.2　IC 芯片的制造过程

首先简述一下前道工序和后道工序。

IC 芯片制造工序大致可分为前道工序和后道工序。前道工序中，在晶圆上形成电阻、电容、二极管和晶体管等元器件，以及元器件之间用于相互连接的内部布线。前道工序也称为扩散工艺，它由数百道工艺组成，占整个 IC 芯片制造工序的 80% 工作量。

最近，前道工序进一步分为两种工艺：①基板工艺（FEOL），在晶圆上形成各种电子元素。②布线工艺（BEOL），用金属布线连接电子元素。随着逻辑集成电路⊖采用多层布线，布线在以往的工艺中所占的比例增加，因此形成一个独立的工艺，称为布线工艺。

前道工程及后道工程流程如图 2-3 所示。

前道工序包括以下工艺：

1）沉积工艺，形成绝缘膜、导体膜或半导体膜。

2）光刻工艺，将被称为光刻胶的感光树脂涂在薄膜表面，使用类似摄影技术曝光电路图案。

3）刻蚀工艺，使用已经成形的光刻胶图案作为掩模，选择性地去除底层材料的薄膜来进行形状加工。

4）离子注入工艺，在硅衬底表面附近掺杂 P 型或 N 型导电杂质⊖。

5）化学机械抛光工艺，在制造过程中多次实施晶圆表面的完全平坦化抛光，以提高光刻中的图案分辨率并改善布线处的高低差。

6）清洗工艺，去除各个工艺之间产生的灰尘和杂质，清洗晶圆，以备下一道工艺使用。

7）晶圆检验工艺，对前道工序加工后的晶圆上的每个 IC 芯片进行电路特性测试，以判断其质量。

后道工序包括以下工艺：

1）组装工艺。

2）检验、分拣工艺。

后面将提供有关每个关键工艺的更多详细信息。

⊖　逻辑集成电路：集成电路中主要具有逻辑运算功能的电路。

⊖　N 型、P 型导电杂质：一种杂质半导体，其中多数载流子分别是电子和空穴。

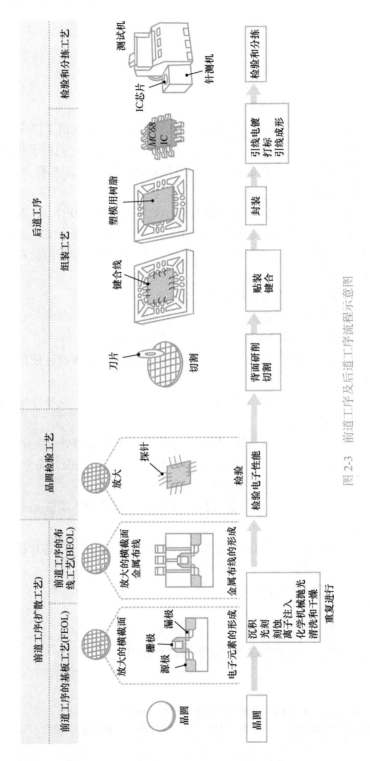

图 2-3　前道工序及后道工序流程示意图

2.3　前道工序（1）：基板工艺（FEOL），在晶圆上构建电子元素

我们以典型的 CMOS[⊖]集成电路为例，详细讲解前道工序中的基板工艺（FEOL）。如图 2-4 和图 2-5 所示，以 FEOL 主要的截面结构模型为基础进行说明，由于其内容十分繁杂，这里仅介绍关键要素。

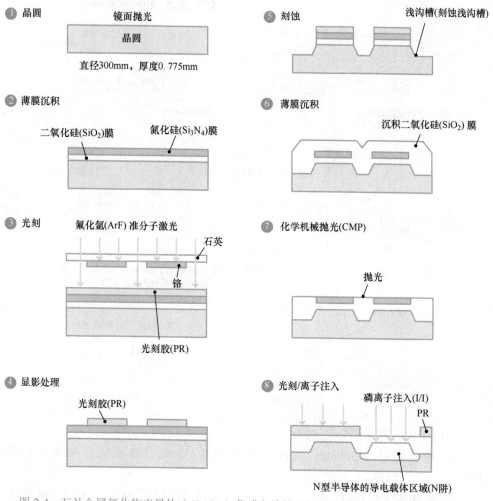

图 2-4　互补金属氧化物半导体（CMOS）集成电路的基板工艺（FEOL）的流程示意图 1

⊖　CMOS：互补金属氧化物半导体（Complementary Metal Oxide Semiconductor），是一种结合 N 沟道型和 P 沟道型 MOS 晶体管的器件配置方法或电路形式。

❾ 栅极氧化

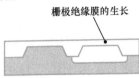

栅极绝缘膜的生长

❽ 离子注入(N⁺型 P⁺型)

$硼(B)$ 元素注入(I/I)

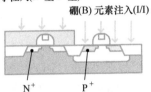

N^+　　　P^+

❿ 多晶硅的生长

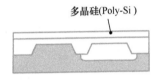

多晶硅(Poly-Si)

⓮ 氧化处理，形成硅化镍($NiSi_2$)

溅射　　硅化镍($NiSi_2$)　　镍薄膜

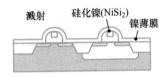

⓫ 多晶硅电路图案的
　 离子注入(N型、P型)

光刻胶　　栅极电极　　$硼(B)$元素注入(I/I)

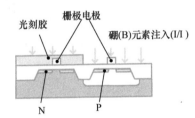

N　　　P

⓯ 镍的刻蚀

硅化镍($NiSi_2$)

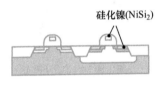

⓭ 各向异性刻蚀

栅极电极　　二氧化硅侧壁

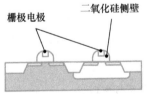

⓰ 在所有表面上生长二氧化硅(SiO_2)膜，
　 进行化学机械抛光(CMP)

二氧化硅(SiO_2) 厚膜(平坦化)

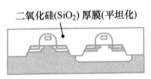

图 2-5　互补金属氧化物半导体（CMOS）集成电路的基板工艺（FEOL）的流程示意图 2

前道工序的前半部分是 FEOL 工艺。

① 准备直径为 300mm（12in）、厚度为 0.775mm、双面镜面抛光的 P 型晶圆。

② 清洗晶圆后升温，硅（Si）和氧气（O_2）通过热氧化反应生成二氧化硅（SiO_2）膜，随后硅烷（SiH_4）和氨气发生气相反应，生成氮化硅（Si_3N_4）膜。该工艺称为化学气相沉积（CVD）：将晶圆放置在化学反应器中并注入用于

成膜的原料气体以沉积薄膜。

③ 晶圆表面涂有一层被称为光刻胶的感光树脂，通过掩模使用氟化氩（ArF）准分子激光照射光刻胶，将图案转移到光刻胶上，光刻胶上图案的大小只有原来图案的 1/4。掩模也称为掩模板，用于在石英板上形成一层铬（Cr）制薄膜，其尺寸是最终形成的光刻图案的 4 倍。准分子激光的一部分被掩模板的铬制薄膜阻挡，其余部分透过石英照射到光刻胶上形成电路图案。

④ 通过显影形成光刻胶图案。第③和④步统称为光刻[⊖]工艺。

⑤ 以光刻胶图案为掩模，依次对氮化硅（Si_3N_4）膜、二氧化硅（SiO_2）膜和硅（Si）表面进行干法刻蚀，在晶圆表面形成浅沟槽。

⑥ 去除光刻胶后，硅烷（SiH_4）和氧气（O_2）通过化学气相沉积（CVD）工艺，发生气相反应，在清洁后的晶圆上沉积成相对较厚的二氧化硅（SiO_2）膜。

⑦ 使用化学机械抛光（CMP）的方法对二氧化硅（SiO_2）厚膜进行抛光，形成二氧化硅（SiO_2）膜嵌入浅沟槽的膜嵌结构。

⑧ 通过刻蚀完全去除氮化硅（Si_3N_4）膜（并不去除二氧化硅膜）并清洗干净。再次通过涂胶、光刻后，衬底电路图案的一部分被光刻胶覆盖，而在剩余部分的表面，通过离子注入[⊖]的方式注入磷（P）元素，以形成作为 N 型半导体的导电载体区域（N 阱）。

⑨ 剥离光刻胶后，去除晶圆表面的二氧化硅（SiO_2）膜，对清洗后的晶圆进行新的热氧化，形成栅极绝缘膜。

⑩ 硅烷（SiH_4）气体通过化学气相沉积（CVD）工艺在氮气中热分解，生长出多晶硅（Poly-Si）。

⑪ 通过图形化技术（先进芯片的构件尺寸太小和 / 或封装密度过大，常规掩模板光刻技术无法实现。此时可以采用涉及多个掩模和工艺组合的先进技术等技术，以弥补常规光刻技术的不足。——译者注），对多晶硅（Poly-Si）进行电路光刻形成栅极。衬底电路图案的一部分被光刻胶覆盖，而在剩余部分的表面，通过离子注入的方式注入磷（P）元素。利用与栅极自对准[⊜]的方式形成 N 型区域，该 N 型区域将成为 N 沟道型 MOS 晶体管的源极和漏极。在同一工艺中，通过离子注入的方式将硼（B）元素注入栅极并自对准形成 P 型区域，该 P 型区域将成为 P 沟道型 MOS 晶体管的源极和漏极。

⑫ 剥离光刻胶后进行清洗，采用化学气相沉积（CVD）工艺在整个表面生

⊖　光刻：Lithography，最初的意思是石版印刷或平版印刷，这里指通过曝光和显影感光材料来创建电路图案。

⊖　离子注入：一种杂质掺杂方法，从样品表面注入通过电场加速的导电杂质离子。

⊜　自对准：自动对齐两个不同的图层。

长一层厚的二氧化硅（SiO_2）膜，采用适合各向异性刻蚀的干法刻蚀，在栅极的侧面形成二氧化硅（SiO_2）"侧壁"。

⑬ 光刻胶覆盖 P 沟道型 MOS 晶体管部分，通过离子注入的方式将砷（As）元素注入并与侧壁自对准，N^+ 区域（N 型杂质浓度高的区域）将成为源极和漏极，形成 N 沟道型 MOS 晶体管。随后，将硼元素注入侧壁并在同一工艺中进行自对准，P^+ 区域（P 型杂质浓度高的区域）将成为源极和漏极，形成 P 沟道型 MOS 晶体管。

为了使 MOS 晶体管小型化并提高可靠性（如抑制热电子效应的影响），通常采用一种称为轻度掺杂漏极（Lightly Doped Drain，LDD）的方式。利用侧壁将源极 / 漏极构建成包括浓度小和浓度大的两重结构。第一源极 / 漏极区域，由栅极和自对准方式形成，是浓度小而且结合部较浅的 N 型 /P 型区域。第二源极 / 漏极区域，由侧壁和自对准方式形成，是浓度大而且结合部较深的 N 型 /P 型区域。因为浓度大，所以源极 / 漏极的区域及连接部的电阻值下降。为此，考虑到磷和砷的不同扩散系数等因素，所以在第 ⑪ 步构建第一源极 / 漏极区域使用了磷元素进行离子注入，在第 ⑬ 步构建第二源极 / 漏极区域使用了砷元素进行离子注入，来构建 N 型区域。由于在 P 型区域只能使用硼元素，所以不能改变元素，而只能改变硼元素的剂量和注入深度来构建第一源极 / 漏极区域及第二源极 / 漏极区域。

⑭ 当通过溅射和热处理在整个晶圆表面上形成镍（Ni）薄膜时，镍与硅在晶圆表面，以及与栅极多晶硅（Poly-Si）接触的部分发生反应，形成硅化镍（$NiSi_2$），而薄膜的其他部分仍为镍（Ni）。

⑮ 将晶圆浸入稀释的氢氟酸中时，镍膜被溶解，但硅化镍被留了下来。在栅极、源极、漏极的表面用硅化镍薄膜形成自对准结构，这种硅化镍被称为自对准硅化物。

⑯ 通过化学气相沉积（CVD）工艺在晶圆的整个表面上沉积一层厚的二氧化硅膜后，通过化学机械抛光方法对表面进行抛光，使其完全平整。

以上是前道工序的基板工艺（FEOL）的主要流程。

这是一个非常复杂的流程，但简而言之，它是"在晶圆上构建各种电子元素的工艺"，必不可少。

2.4　前道工序（2）：布线工艺（BEOL），电子元素间的金属布线

我们将继续解释前道工序中剩余的布线工艺（BEOL）（见图 2-6）。前道工

序的后半部分是布线工艺。

⑰ 创建接触孔

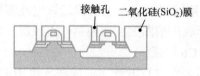

⑱ 沉积钨膜、钨的化学机械抛光(CMP)

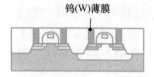

⑲ 二氧化硅(SiO₂)膜的生长，沟槽刻蚀，镀铜

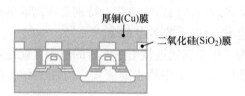

⑳ 铜的化学机械抛光(CMP)(单式镶嵌)

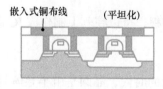

㉑ 通孔、布线槽刻蚀

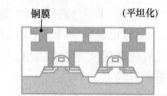

㉒ 铜膜的化学机械抛光(CMP)
(复式镶嵌)

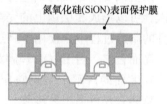

㉓ 保护膜的生长

镶嵌布线的出现使布
线工艺模块化，重叠
这些模块可以实现十
几层以上的多层布线

图 2-6　互补金属氧化物半导体（CMOS）芯片的布线工艺（BEOL）的流程示意图 3

　⑰ 通过光刻和刻蚀，在栅极、源极和漏极区域上方的二氧化硅膜中创建接触孔。

⑱ 通过化学气相沉积工艺，在晶圆的整个表面上沉积厚的钨（W）膜后，通过化学机械抛光方法对表面进行抛光，仅在接触孔中留下钨。这种埋入式触点通常被称为插头触点，但在此处它们被称为钨式插头（W-plugs）。

⑲ 通过化学气相沉积工艺，在晶圆的整个表面上沉积二氧化硅膜后，通过光刻和刻蚀，在二氧化硅膜的表面上形成沟槽图案，作为第一布线层。之后，通过电镀在整个表面上沉积一层厚的铜（Cu）膜。

⑳ 通过化学机械抛光方法对晶圆表面进行抛光，形成嵌入槽中的铜布线，这种工艺称为单式镶嵌布线。

㉑ 通过化学气相沉积工艺，在整个表面上沉积一层二氧化硅层间绝缘（Inter-Layer Dielectric，ILD）膜[⊖]。通过光刻和刻蚀，在层间绝缘膜中创建用于第二层布线的凹槽图案，同时打开开口（通孔、过孔）以连接第一层和第二层上的布线。

㉒ 通过电镀在整个表面上沉积厚的铜膜，并实施化学机械抛光，同时形成嵌入二氧化硅层间绝缘膜中的过孔（via hole）和第二层铜布线，这种工艺称为复式镶嵌布线。

㉓ 通过化学机械抛光方法，在晶圆的整个表面上沉积氮氧化硅（SiON）膜以形成表面保护（passivation）膜[⊖]。

以上以 2 层布线为例进行了说明。通过将上述第 ⑳~㉒ 步作为一组工艺重复多次，可以形成 3 层以上的完全平坦的多层布线电路。特别是在高端的逻辑电子器件的制造过程中，使用了高达 10 层以上的多层布线。

简而言之，将 BEOL 理解为"用金属线连接电子元素的过程"就足够了。

在上面的讲解中，我们介绍了前道工序的主要流程。但在实际的芯片制造中，总共有几百道工艺步骤。

2.5 晶圆：纯度提炼到 11 个 9

晶圆是由单晶硅制成的非常薄的圆盘状基板，可以在其上制作成 IC 芯片。

1. 从晶圆制造商[⊖]处采购晶圆

在半导体电子器件的制造仍处于研发阶段的时代，晶圆是由半导体制造商内

⊖ 层间绝缘膜（层间电介质）：用于多层布线中的铝和铜等布线层之间的绝缘。
⊖ 表面保护膜：保护晶圆免受机械力，以及水在内的各种污染物的影响。
⊖ 晶圆制造商：也称为硅制造商，是为半导体芯片制造商提供晶圆的公司，比如日本信越半导体公司和 SUMCO 公司、美国 MEMC 公司、德国 Siltronic 公司、法国 SOITEC 公司等。

部制造的。然而，随着 IC 芯片成为成熟的产业，逐渐形成了由晶圆制造商专门制造晶圆，半导体制造商购买晶圆来制造 IC 芯片的分工体制。

在晶圆的制造中，首先将一小块称为"晶种"的单晶与高温熔化的硅熔体接触，然后逐渐向上拉起，生长出柱状的单晶块（硅锭）。这种晶体生长方法以其发明者 Czochralski 的名字命名为"CZ 法"。之后，利用超导磁体施加强磁场进行拉起的"MCZ 法"（Magnetic CZ）被广泛应用。

将制成的硅锭与拉紧的钢丝接触，并在施加切割研磨液的同时高速旋转，以将整个硅锭切割成厚度约 1mm 的圆形切片，这种切片方法称为线锯法。

此外，为了提高搬运时的机械强度，在侧面进行倒角研削，然后用含有细磨料的研削液对表面进行机械研削，最后在注入切割研磨液的同时与旋转的抛光布接触，进行化学机械抛光，使其成为镜面。如图 2-7 所示，就是半导体制造商购买的镜面抛光晶圆。

右边是由CZ法制造的12in的晶圆
左边是由CZ法制造的8in的晶圆

图 2-7　镜面抛光后的晶圆

2. 纯度为 99.999999999%[一]

现在晶圆的外形已经标准化，但是根据制造商或 IC 芯片的不同，有 P 型 /N 型、电阻率、氧浓度、直径等各种标准。

图 2-8 所示显示了晶圆直径的变化。对于半导体制造商而言，大直径晶圆的优势在于降低 IC 芯片的制造成本，并且能够更容易地增加产量。

硅纯度为 11 个 9，即晶圆必须具有 99.999999999% 或更高的超高纯度。此外，当晶圆的面积放大到棒球体育场的大小时，其表面粗糙度极小，还不到 1mm，可以说异常平坦。

○　99.999999999%：11 个 9，也写为 11N。现在晶圆的纯度甚至在小数点后面再多出两位数，或者更多。

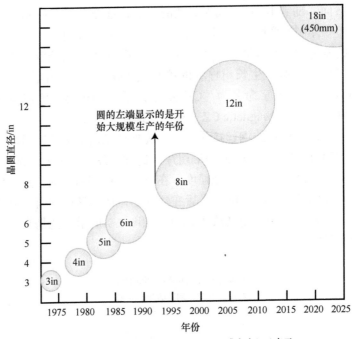

晶圆直径用英寸(1in=2.54cm)或毫米(mn)表示

图 2-8　晶圆直径的变化

2.6　薄膜的制造及形成：多层薄膜的叠加

图 2-9 所示，介绍四种主要的薄膜形成方法。

沉积方法		主要的薄膜类型
（1）热氧化		二氧化硅（SiO_2）
（2）化学气相沉积（CVD）	低压化学气相沉积（LP⊖-CVD）	二氧化硅（SiO_2）、氮化硅（Si_3N_4）、硼磷硅酸盐玻璃膜（BPSG）、多晶硅（Poly-Si）、硅化钨（WSi_2）、钨（W）
	常压化学气相沉积（AP⊖-CVD）	二氧化硅（SiO_2）、硼磷硅酸盐玻璃膜（BPSG）
	等离子体化学气相沉积（P-CVD）	二氧化硅（SiO_2）、氧氮化硅（SiON）

图 2-9　薄膜生产方法

⊖　LP：Low Pressure，低压。

⊖　AP：Atmospheric Pressure，常压。

沉积方法		主要的薄膜类型
（3）物理气相沉积（PVD）	溅射	铝（Al）、钛（Ti）、氮化钛（TiN）、氮化钽（TaN）、氮化钨（WN）、硅化钨（WSi$_2$）
（4）电镀		铜

图 2-9　薄膜生产方法（续）

1. 热氧化法

在热氧化法中，将硅置于高温氧化炉中，在氧气或水蒸气状态中使硅和氧发生化学反应，生成二氧化硅膜。其是非常好的绝缘膜，能够利用热氧化法是硅作为半导体材料的一大优势。

尽管被称为热氧化，但根据流动气体的种类和形态，如图 2-10 所示，可分为以下几种方法。

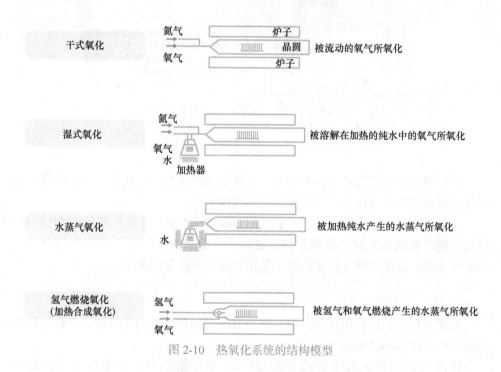

图 2-10　热氧化系统的结构模型

使用氧气和氮气的干式氧化、使用溶解在加热的纯水中的氧气和氮气的湿式氧化、使用纯水蒸气的水蒸气氧化、通过氧气和氢气的燃烧产生流动水蒸气的氢气燃烧氧化（加热合成氧化）[注]。加热合成氧化中，有氢气时的氧化速度比单独在氧气中更快。

2. 化学气相沉积法

在该方法中，晶圆被放置在称为腔室的化学反应器中，与要沉积的薄膜类型相对应的原料气体以气态方式流动，使用化学催化反应来沉积薄膜，因此也称为化学气相沉积（CVD）。

催化反应需要能量，根据能量的类型和形式，大致可以分为利用热能的热化学气相沉积和利用等离子体的等离子体化学气相沉积两种形式。

图 2-11 所示为等离子体化学气相沉积室内的结构模型。

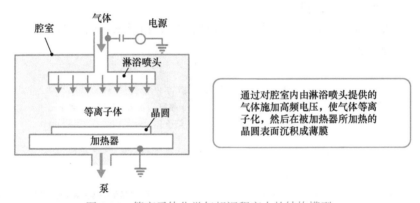

图 2-11　等离子体化学气相沉积室内的结构模型

其中热化学气相沉积有两种类型：在低于大气压的低压状态下生长的低压化学气相沉积和在大气压下生长的常压化学气相沉积。

化学气相沉积是常用于 IC 芯片制造的薄膜生长方法。薄膜种类有二氧化硅膜、氮化硅膜、氮氧化硅膜、硼磷硅酸盐玻璃膜等绝缘薄膜。还有多晶硅（Poly-Si）的半导体膜，硅化钨膜等硅化物膜、氮化钛膜、钨膜等导电膜。

3. 物理气相沉积[注]法

化学气相沉积法使用化学反应，但也有使用物理反应的生长法，也称为物理气相沉积（Physical Vapor Deposition，PVD）。

物理气相沉积法有多种类型，当今 IC 芯片制造中广泛使用的方法称为

⊖　氢气燃烧氧化设备：结构上类似于低压化学气相沉积（CVD）的设备。
⊖　物理气相沉积（PVD）：除了溅射，物理气相沉积还包括真空蒸镀、离子电镀和离子束沉积。

溅射。

　　"溅射"一词的意思是击中，溅射法是在超高真空中设置由金属或硅化物（高熔点金属和硅的合金）制成的被称为靶材的圆盘，惰性气体氩（Ar）原子受到高能量轰击，撞击靶材，被氩原子喷出的金属原子黏附在晶圆表面形成薄膜。图 2-12 为溅射原理图。

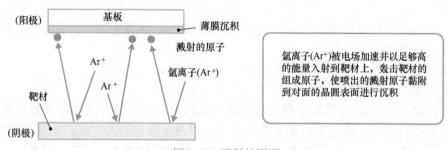

氩离子(Ar+)被电场加速并以足够高的能量入射到靶材上，轰击靶材的组成原子，使喷出的溅射原子黏附到对面的晶圆表面进行沉积

图 2-12　溅射的原理

　　溅射用于形成诸如铝膜、钛膜、氮化钛膜、氮化钽膜、氮化钨膜和硅化钨膜等导电薄膜。

4. 电镀[⊖]法

　　半导体前道工序中的电镀法是近年来引入的一种独特的成膜方法。在将布线材料从传统的铝更改为铜以后，这项技术已变得必不可少。

　　铜极难以通过干法刻蚀加工，但它具有易于电镀的特性。因为必须用厚膜形成镶嵌布线，所以采用镀铜工艺。

　　图 2-13 所示为铜电解电镀设备的结构模型。将晶圆浸入硫酸铜等电镀液中，以晶圆为阴极、铜板为阳极导通电路，在晶圆表面将沉积铜的薄膜。

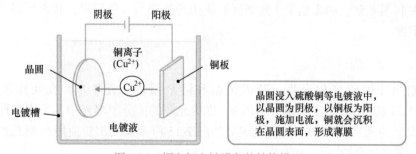

晶圆浸入硫酸铜等电镀液中，以晶圆为阴极，以铜板为阳极，施加电流，铜就会沉积在晶圆表面，形成薄膜

图 2-13　铜电解电镀设备的结构模型

──────────

　　⊖　电镀：通过电化学反应从金属盐的水溶液中还原和沉积金属。

2.7　电路如何进行光刻：电路图案的光刻

在 IC 芯片的制造过程中，对每一层材料的形状进行加工，并层层堆叠。光刻和刻蚀工艺是对每一层的材料薄膜进行电路图案的复制。首先，让我们来看看光刻工艺。

光刻工艺的原理类似于胶片相机的成像原理。下面将光刻工艺分为几个主要步骤进行介绍。

1. 光刻胶的涂抹

图 2-14 所示，将已形成材料层的晶圆采用真空吸附的方式固定在被称为旋涂机的支撑台上。将光刻胶滴在晶圆上，并以几千转每秒的速度高速旋转晶圆，利用离心力，在晶圆上形成均匀的光刻胶膜。此时形成的光刻胶膜的厚度由光刻胶的黏度、溶剂的种类、晶圆的旋转速度来控制。

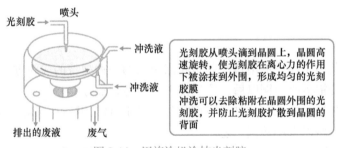

图 2-14　用旋涂机涂抹光刻胶

光刻胶是一种光敏树脂材料，会随温度和湿度的变化而发生细微变化。因此，在利用光刻胶的无尘室（光刻区）使用长波长的黄色照明，必须严格控制温度和湿度。

2. 光刻胶的种类

光刻胶由感光化合物、基础树脂和溶剂组成。近年来，在使用氟化氪（KrF）或氟化氩（ArF）准分子激光⊖作为光源的准分子曝光中，采用被称为化学放大型的光致产酸剂，其组成成分如图 2-15 所示。光刻胶使用此类光致产酸剂作为感光化合物。

⊖　准分子激光：利用 2 种混合原子或者分子（也叫准分子）的激发态发射紫外线的激光设备。

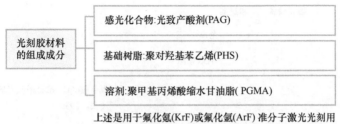

图 2-15　化学放大型光刻胶的组成成分示例

有两种类型的光刻胶：正性光刻胶，通过显影去除曝光部分；负性光刻胶，去除未曝光部分。使用哪一种取决于要形成的电路图案的形状。

3. 预烘烤

涂有光刻胶的晶圆在氮气（填充气体）中加热到约 80℃，挥发并去除残留在光刻胶中的有机溶剂，这个过程称为预烘烤。图 2-16 所示为隧道式烘烤设备。

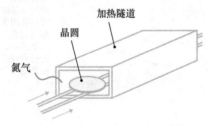

图 2-16　隧道式烘烤设备的示例

4. 曝光

曝光是将掩模图案转移到晶圆的光刻胶膜上的过程。在曝光过程中，如图 2-17 所示，晶圆被放置在称为步进器的曝光设备中。

步进器使用多个透镜系统，通常通过掩模（也称为掩模板）[⊖]，其尺寸大小是准备复制的电路图案的四倍，将光源投射和曝光到晶圆表面上，因此步进器有时被称为缩小投影曝光设备。

曝光一个芯片后，移动平台，曝光下一个芯片，然后移动平台再曝光下一个芯片。通过重复这种操作，电路图案被印在晶圆的整个表面上。步进器的名称来自于这种分步重复操作。

⊖　掩模板：最初是指附着在光学仪器聚焦平面上的标线或十字准线。

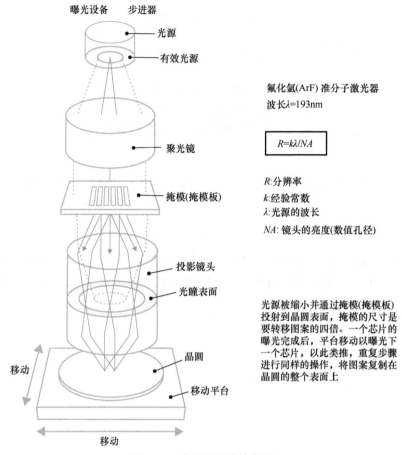

图 2-17　步进器的结构模型

对步进器而言，其高分辨率传输电路图案的能力取决于光源的波长 λ 和镜头的亮度（NA：数值孔径）。分辨率 R 与 λ 成正比，与 NA 成反比，其中 k 是经验常数[⊖]，即

$$R=k\lambda/NA$$

目前，最先进的曝光技术使用氟化氩（ArF）准分子激光器（$\lambda=193nm$）作为光源。

此外，为了获得更精细的分辨率，即为了降低经验常数 k，正在使用被称为"超分辨率技术"的各种方法，我们将在第 4 章进行介绍。

⊖　经验常数：根据经验确定的常数，以匹配实验数据，而不是理论上得出的常数，例如表达特性的计算式。

将掩模板的扫描功能添加到步进器的曝光设备称为扫描仪。目前这种类型的扫描仪用于最先进的光刻工艺。扫描仪不使用镜头的整个表面进行曝光，而只使用狭缝状部分进行扫描，其优点是可以获得更宽的曝光区域，减少镜头像差的影响。

5. 显影

其后晶圆将进行称为曝光后烘烤（PEB）的轻度热处理。这样做是为了减少曝光期间驻波效应⊖的影响，锐化图案边缘，并加速化学放大型光刻胶中的强酸生成。

2.8 刻蚀工艺的形状加工：加工材料薄膜

刻蚀是利用化学反应实现各种材料的薄膜成型的过程。刻蚀大致分为两种方法：①干法刻蚀，利用材料和气体之间的反应；②湿法刻蚀，利用材料和化学药液之间的反应。

这两种刻蚀方法的细节如下所述。

1. 干法刻蚀

最常见的干法刻蚀是反应性离子刻蚀。（Reactive Ion Etching，RIE）。

图 2-18 所示为平行板式反应性离子刻蚀设备的截面结构模型。晶圆被放置在被称为腔室的化学反应室中，腔室内气体被抽空形成真空，并且注入与需要加工的材料相对应的气体。在接地的上部电极和平行放置的下部电极（晶圆支架）之间施加高频电压后，气体变成等离子体，生成正离子、负离子、电子，以及被称为自由基的中性活性物质。

这些刻蚀物质吸附到材料层的表面并发生化学反应以产生挥发性物质。然后，剥离并排出到外部，完成刻蚀。因此，可以说干法刻蚀的本质是通过与材料层发生化学反应，产生挥发性物质。

在干法刻蚀中，为了忠实反映光刻胶的图案，实施高精度微细加工时，材料层和光刻胶的刻蚀速度差异（选择比）必须很大，而且要保证刻蚀进程的各向异性，尤其是在材料层的上下厚度方向，参考图 2-19。除了减少晶体缺陷、杂质混入、由静电引起的损伤以外，而且减小由于图案密度而引起的刻蚀速度

⊖ 驻波效应：当具有相同周期、速度和振幅，但朝相反方向传播的波重叠时，会出现一种现象，即波似乎在原地振荡，称为驻波。此处指入射光和来自基板的反射光在光刻胶薄膜中相互干涉，在薄膜的深度方向上周期性地发生光强的明暗变化。——译者注

差异（微负载效应）⊖也极其重要。

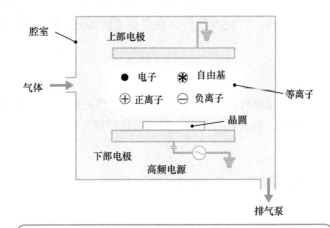

图 2-18　平行板式反应性离子刻蚀设备的截面结构模型

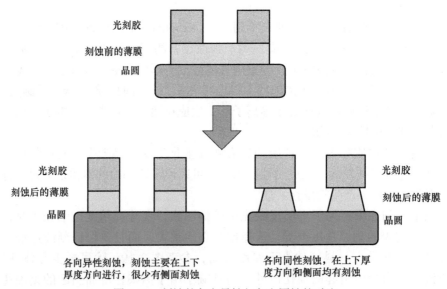

图 2-19　刻蚀的各向异性与各向同性的对比

⊖　微负载效应：干法刻蚀时，由于基底图案密度的稀疏不同，影响刻蚀气体供应和反应产物去除之间的关系，刻蚀速度由此发生变化的现象。

2. 湿法刻蚀

湿法刻蚀是一种使用化学药液溶解材料层的加工方法。有两种类型：

1）浸入式，在刻蚀槽中储存化学药液，将放置在载体中的晶圆浸入其中。

2）旋转式，如图 2-20 所示，晶圆在旋转的同时喷射化学药液。

由于湿法刻蚀是各向同性进行的，因此难以进行微细加工，并且难以用光刻胶作掩模。刻蚀后不再需要的光刻胶在剥离过程中用等离子体或化学药液去除。这种等离子剥离方式也称为退模⊖。

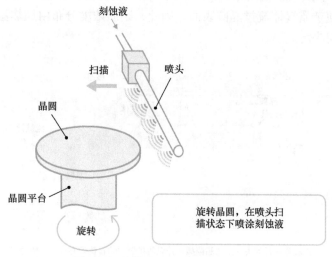

图 2-20　旋转式湿法刻蚀设备的示例

2.9　纯度 99.9…的晶圆中加入杂质：故意加入杂质的原因

晶圆是 11 个 9（99.999999999%）以上的超高纯度材料。可是，为了在晶圆上制造集成电路，必须在硅衬底表面局部地混入杂质。你可能会有这样的疑问，为什么要在煞费苦心得到的超高纯度晶圆中添加杂质呢？

原因就是用特殊杂质改变硅的导电性能。硅是元素周期表中的第Ⅳ主族元素，但在单结晶的状态下，即使施加电压也几乎没有电流流动，显示出接近绝缘体的特性。但是，只要在该晶圆中添加少量的磷（P）和砷（As）等第Ⅴ主

⊖　退模：用臭氧或等离子气体去除不再需要的光刻胶。

族元素，就可以全部导电。此时，电流由自由电子传导，这些自由电子可以自由移动而不受硅原子的束缚。电子带负电荷，因此磷、砷等杂质被称为 N 型导电杂质[⊖]。

　　另一方面，添加少量的第Ⅲ主族元素，例如硼（B），也会使其导电性良好。这时，带电的是空穴，空穴带有正电荷，所以硼等杂质被称为 P 型导电杂质[⊖]。

　　在晶圆表面掺杂 N 型或 P 型导电杂质的主要方法有两种：热扩散和离子注入。

　　图 2-21 所示，在热扩散法中，将载有晶圆的石英夹具插入加热的扩散炉的炉心管中，使杂质气体流过晶圆表面。因此，杂质浓度分布由加热温度、气体流量和扩散时间决定。

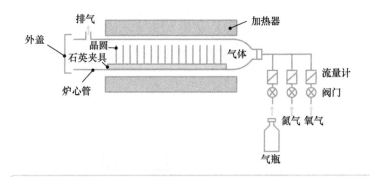

将放置在石英夹具上的晶圆插入升温的扩散炉的石英炉心管中，使含有导电杂质的气体流动，利用扩散现象在晶圆表面添加杂质。注入杂质的浓度分布由加热温度、气体流量和扩散时间控制

图 2-21　用热扩散法添加导电杂质

　　图 2-22 所示，在离子注入法中，硼、磷、砷等杂质通过电弧放电形成离子状态，根据注入的离子种类和离子电荷，通过质量分析磁体进行筛选。然后通过电场的加速，从晶圆表面直接射入。离子注入法需要通过离子束扫描和移动晶圆后注入晶圆的整个表面。与热扩散法相比，离子注入法的优点是可以使用光刻胶作为掩模，并能精确控制杂质分布，因此在目前的芯片制造中被广泛使用。

⊖ N 型导电杂质：这种类型的杂质也被称为供体，因为它会提供并释放自由电子。
⊖ P 型导电杂质：这种类型的杂质也被称为受体，因为它接受电子并产生空穴。

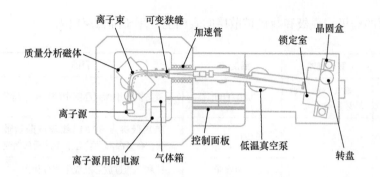

从离子源发射的导电杂质离子，其离子电荷通过质量分析磁体进行筛选，然后通过电场加速并从晶圆表面注入。杂质浓度分布由注入能量和离子束电流控制

图 2-22　通过离子注入法添加导电杂质

2.10　晶圆的热处理：热处理的目的及主要工艺

IC 芯片制造中的热处理是指通过对氮气（N_2）或氩气（Ar）等惰性气体进行加热来处理晶圆的工艺。除纯惰性气体外，还加入少量氧气（O_2）以生长薄氧化膜，或者加入氢气（H_2）以稳定热氧化膜与硅之间交界面的导电性能。

图 2-23 所示，热处理有多种工艺和目的。按热处理目的分为以下工艺。

1. 压入

通过热扩散现象重新分散晶圆表面添加的导电杂质，从而实现所需的杂质分布。压入工程需要控制热处理温度和处理时间。

2. 回流

加热含有硼或者磷，或者两者均含的低熔点 BPSG（硼磷硅酸盐玻璃）薄膜，在高温流动状态下使晶圆表面光滑。回流工程由 BPSG 中所含的硼和磷的浓度、热处理温度和处理时间控制。

3. 硅化

镍（Ni）和硅（Si）发生放热反应形成硅化镍（$NiSi_2$）$^\ominus$。该硅化镍堆积在

$\ominus$　硅化物：由硅和金属组成的化合物。一般来说，M 是难熔金属，金属与硅的比例为 $x:y$ 的硅化物写为 M_xSi_y，x 和 y 称为化学计量（stoichiometry）。

MOS 晶体管的栅极、源极和漏极扩散层的表面上，用于降低层电阻。

主要工艺	使用气体	温度 /℃	目的
压入	氮气、氩气或者少量氧气	900~1100	重新调整添加到晶圆中的导电杂质分布
回流		950~1100	加热低熔点 BPSG（硼磷硅酸盐玻璃）薄膜，在高温流动状态下使晶圆表面光滑
硅化		350~450	镍和硅通过放热反应生成硅化镍
激活		850~1000	通过加热将注入硅的导电杂质离子引入晶格点
交界面稳定化	氢气或者氢气与氮气的混合物	800~1000	通过用氢终止硅和氧化硅膜之间交界面处的悬键状态来稳定导电性能
合金		450~500	通过金属布线和硅之间的共晶反应实现欧姆接触

图 2-23　热处理的主要工艺和目的

4. 激活

加热晶圆以使硅晶格振动，从而使离子注入的导电杂质进入正确的晶格点，激活其电子特性。

5. 交界面稳定化

通过用氢终止热氧化硅膜和硅之间的交界面处的悬键状态来稳定导电特性，一般使用合成气体（用氮气稀释的氢气）。

6. 合金

也称为烧结，热处理引起共晶反应[一]，以确保金属布线和硅之间的欧姆接触[二]。

图 2-24 所示，热处理设备有两种：热处理炉和灯管退火炉。灯管退火炉可以用红外线灯快速加热冷却，特别适用于短时间内的高温热处理。

[一] 共晶反应：当两种在高温下熔化的金属液体冷却时，形成一种合金组织并生成晶体混合物的反应。
[二] 欧姆接触：根据欧姆定律，具有线性电流 - 电压特性的两个导体，如果导通无须任何整流，那么这种导通称为欧姆接触。低电阻的欧姆接触常常被用来促进两个导体之间任何方向的电荷流动，并消除由于整流和电压阈值的中断而造成的多余功率损失。因此具备低电阻而且稳定接触的欧姆接触是影响 IC 芯片性能和稳定性的关键因素。——译者注

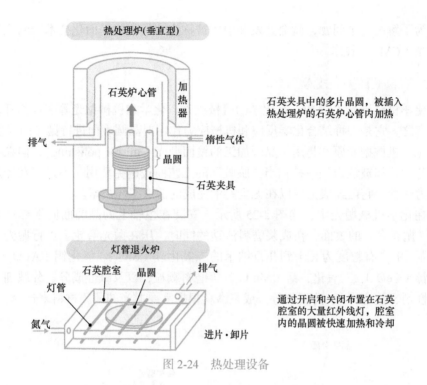

图 2-24　热处理设备

2.11　使表面平坦化的化学机械抛光（CMP）工艺

如果晶圆表面有凹凸，就很难保证质量可靠性。

1. 完全平坦化的化学机械抛光（CMP）技术

随着集成电路芯片尺寸的小型化，晶圆表面的平坦化在每个制造过程中都是必不可少的。这是因为随着晶圆表面不平整度的增加，以下两个主要问题变得突出。

其一是在薄膜形成过程中台阶部分的覆盖率（台阶覆盖率）恶化，引起布线断开（开路故障）导致合格的良率下降，或者由于布线薄膜变薄而导致可靠性下降。

其二是在光刻工艺中，光刻胶的厚度在台阶处变薄，而且在曝光过程中，由于不均匀，透镜的焦距[○]会出现波动。特别是在逻辑集成电路芯片中，多层布线对于提高集成度和性能至关重要，而晶圆表面的不平整问题就显得更为严重。

　○　焦距：也称为焦点深度（D_{OF}），存在 $D_{OF}=k\lambda/(NA)^2$ 的关系，其中 k 是经验常数，λ 是光源波长，NA 是数值孔径。

为了解决这个问题，就会开发和引入被称为"最终的平面化技术"的化学机械抛光（CMP）技术。

2. 晶圆表面抛光技术

化学机械抛光（CMP）有化学的机械抛光、化学和机械抛光等多种称呼，但简而言之，它是一种结合化学反应和机械应力作用对晶圆表面进行抛光的工艺。

化学机械抛光原本是用于晶圆加工的镜面抛光（mirror polishing），但在半导体工艺中，却被认为是一种相当"肮脏"的工艺而被避免使用。不过现在经过多次努力改善，它已经成为可以在无尘室中完成的前道工序技术。

在化学机械抛光中，如图 2-25 所示，安装在主轴上的晶圆面向下移动到旋转台（抛光台）的表面，在成浆磨料流动的同时，压在抛光磨轮上进行抛光。成浆磨料⊖中含有粒度为几十到几百纳米的二氧化硅（SiO_2）、氧化铝（Al_2O_3）、二氧化铈（CeO_2）、三氧化二锰（Mn_2O_3）等磨料颗粒，以及碱性成分、分散剂、表面活性剂、螯合物⊜、防腐剂等。成浆磨料根据需要抛光的薄膜材料来选择。

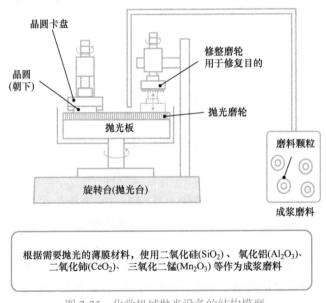

图 2-25 化学机械抛光设备的结构模型

树脂、无纺布、聚氨酯泡沫等也可用于抛光磨轮。由于抛光磨轮的能力逐渐

⊖ 成浆磨料：固体颗粒分散在液体中的混合物或流体。

⊜ 螯合物：分子或离子与两个或多个原子配位到金属上而形成的具有环状结构的化合物。

变弱，所以需要一边用修整磨轮[⊖]修复抛光磨轮，一边进行抛光。

　　化学机械抛光的主要工艺如图 2-26 所示。大致可分为绝缘膜系列和布线金属系列。绝缘膜系列包括用于电子元素隔离的浅沟隔离和用于多层布线的层间绝缘膜，布线金属系列包括通孔、过孔中的钨填充（钨式插头）和铜镶嵌布线。

　　成浆磨料大致分为金属膜用和绝缘膜用，每个成浆磨料供应商都有各自的特点。对于金属薄膜而言，有富士（FUJIFILM Planar Solutions）公司的适用于大马士革工艺抛光电镀块状铜的成浆磨料，有富士（FUJIFILM Planar Solutions）公司和日立化成公司的适用于抛光阻挡屏蔽层的成浆磨料，有卡博特（CABOT）公司的适用于抛光钨式插头触点的成浆磨料。还有卡博特、NITTA Haas（2020年改名为 NITTA DuPont 公司）、日立化成等公司的适用于抛光绝缘膜系列（SiO₂氧化膜等）的成浆磨料。

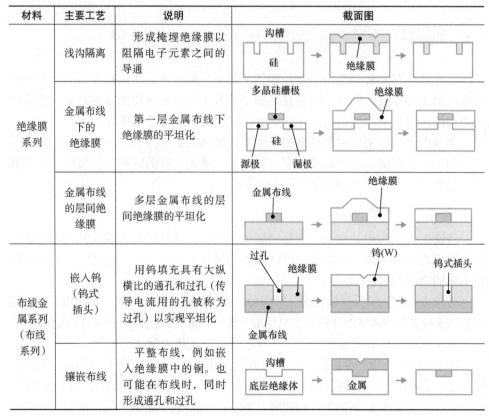

材料	主要工艺	说明	截面图
绝缘膜系列	浅沟隔离	形成掩埋绝缘膜以阻隔电子元素之间的导通	
	金属布线下的绝缘膜	第一层金属布线下绝缘膜的平坦化	
	金属布线的层间绝缘膜	多层金属布线的层间绝缘膜的平坦化	
布线金属系列（布线系列）	嵌入钨（钨式插头）	用钨填充具有大纵横比的通孔和过孔（传导电流用的孔被称为过孔）以实现平坦化	
	镶嵌布线	平整布线，例如嵌入绝缘膜中的铜。也可能在布线时，同时形成通孔和过孔	

图 2-26　使用化学机械抛光（CMP）的主要工艺

　　⊖　修整磨轮：一种特殊的磨轮，不用于加工产品，而用于修整抛光磨轮的表面，保持抛光能力。——译者注

揭秘 IC 芯片制造中不常被提及的工艺

3.1 通过清洗彻底清除尘埃：化学分解和物理分解

在集成电路芯片制造中，微小颗粒（灰尘）和微量杂质的存在是高良率和高可靠性的主要障碍。例如，附着在晶圆上的灰尘会导致电路图案的缺陷，多余的杂质会进入硅基板和绝缘膜，导致导电特性的变化和可靠性降低。

集成电路芯片制造生产线上的无尘室，顾名思义是一个非常洁净的空间，旨在抑制尘埃中有机和无机杂质的引入和产生。然而，在晶圆储存、搬运、处理和加工过程中，不可能 100% 避免微量的污染。

▶ 清除晶圆上的沉积物

清洗工艺的作用是在下一道晶圆加工工艺前，从晶圆上去除这种因不可避免的因素而附着在晶圆上的尘埃，以洁净状态送至下一道工艺。清洗工艺占整个制造工序的 20%~30% 工作量。

清洗方法有化学分解和物理分解两种。根据清洗介质的不同，还可以分为使用化学品或纯水的湿式清洗和使用二氧化碳气体、臭氧气体或等离子体的干式清洗。

最常见的清洁方法是使用化学药液进行化学分解去除。

图 3-1 所示，根据要去除的污染物类型，可以采用以下几种化学药液，包括氢氧化铵、过氧化氢和水的混合物（APM）、氢氟酸、过氧化氢和水的混合物（FPM）、盐酸、过氧化氢和水的混合物（HPM）、硫酸和过氧化氢的混合物（SPM，即食人鱼溶液）⊖以及用纯水稀释的氢氟酸（DHF）。通常组合使用这些化学药液。

⊖　食人鱼溶液：因凶猛的食人鱼而得名，是一种很强效的去除有机物的液体药剂。

药液名称	药液成分	清洗效果
APM	氢氧化铵、过氧化氢、水（NH_4OH、H_2O_2、H_2O）	尘埃、有机物
FPM	氢氟酸、过氧化氢、水（HF、H_2O_2、H_2O）	金属、原生氧化膜
HPM	盐酸、过氧化氢、水（HCl、H_2O_2、H_2O）	金属
SPM	硫酸、过氧化氢（H_2SO_4、H_2O_2）	金属、有机物
DHF	氢氟酸、水（HF、H_2O）	金属、原生氧化膜

图 3-1　主要的湿式清洁药液类型和特点

但是，在金属布线形成后的清洗工艺中，由于金属会被酸等化学物质腐蚀，因此使用酒精、丙酮等有机溶剂。

图 3-2 所示，湿式清洗设备大致分为同时处理多片晶圆的"槽式清洗设备"和逐片清洗晶圆的"单片清洗设备"。其中槽式包括将晶圆依次浸入具有不同清洗效果的化学药液的多个浸入式设备和将多种化学药液依次供应到一个药液槽中的单独式设备。

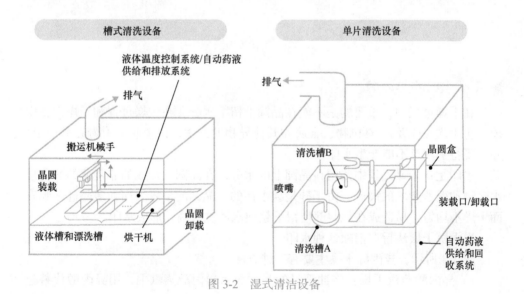

图 3-2　湿式清洁设备

3.2　清洗后"冲洗→干燥"：用超纯水冲洗，然后再去除水分

在使用化学药液进行湿式清洗或湿法刻蚀等处理后，与正常洗涤（湿洗）一样，需要冲洗和干燥以洗去残留在晶圆上的化学药液。冲洗是用超纯水完成的，

冲洗的用水量占半导体厂超纯水使用量的很大一部分。

冲洗后，必须去除残留在晶圆上的所有水分。干燥方法包括利用离心力吹去水分的旋转干燥法，吹喷干燥氮气法，以及使用异丙醇代替水分的异丙醇干燥法。

图 3-3 所示的旋转干燥法中，旋转的晶圆表面与氮气摩擦后会产生静电，为了防止器件被静电破坏，需要通过电子淋浴器去除静电。

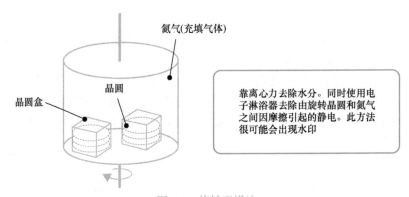

图 3-3　旋转干燥法

▶ 不留水印的异丙醇

在干燥过程中，重要的是不能在晶圆上留下水分，在干燥过程和干燥设备中须防止尘埃（垃圾）、有机物、金属和其他异物的产生，以免它们附着在晶圆上，并且要特别注意不能产生水印。

水印是在干燥过程中残留在晶圆上的水分，在晶圆上形成的非常薄的氧化硅水合物和残留杂质的痕迹。由于硅是疏水性的，晶圆的暴露表面和多晶硅薄膜表面干燥不均匀，易造成在某些部位留下超纯水冲洗液滴，形成水印。

异丙醇干燥法旨在消除这种水印。

图 3-4 所示，异丙醇干燥主要有三种方法。

1）异丙醇蒸汽干燥：将冲洗过的晶圆放入异丙醇蒸汽中，用异丙醇代替超纯水，然后将其干燥。

2）马兰戈尼（Marangoni）干燥[⊖]：当晶圆从超纯水中提起时，在平行于晶圆与纯水的交界面施加异丙醇蒸汽和氮气进行干燥，以免拖拽超纯水。

⊖　马兰戈尼（Marangoni）干燥：利用异丙醇气体层和超纯水层之间与表面张力差异相关的力（马兰戈尼力）的干燥方法。葡萄酒的酒泪现象也是由于马兰戈尼现象引起的，因为乙醇的表面张力低于水的表面张力。

3）罗塔戈尼（Rotagoni）干燥⊖：一种结合了旋转干燥和马兰戈尼（Marangoni）干燥的干燥方法。

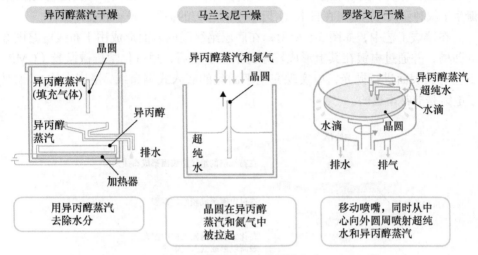

图 3-4　使用异丙醇的干燥方法

3.3　布线使用镶嵌技术：镶嵌工艺的关键是金属镶嵌

以前的集成电路芯片，主要使用铝作为布线材料。通常集成电路芯片布线是使用溅射或其他方法生成薄铝膜，然后使用光刻在其上形成用于布线的光刻胶电路图案，最后将其用作于掩模对铝进行干法刻蚀。

然而，随着集成电路的高度集成化，微细加工技术的进步，布线宽度变得越来越窄后，随着布线的电阻增加，流经布线的电信号的延迟成为影响集成电路运行速度的主要原因。

另外，电迁移⊖作为一种典型的迁移现象也不容忽视。由于流经铝布线的高密度电子流导致铝原子流动，造成部分布线变薄或断裂，甚至产生微小突起。

▶ 从铝线到铜线

为了解决铝布线问题，铜作为比铝电阻更低且耐迁移性更好的重元素而受

⊖　罗塔戈尼（Rotagoni）干燥：利用伴随晶圆旋转的离心力和马兰戈尼（Marangoni）力的干燥方法。
⊖　电迁移：电迁移是一种现象，在这种现象中，由于导电体中移动的电子和金属原子之间的动量交换，离子逐渐迁移，从而使材料的形状发生变形。当电流密度高时，效果会增加。随着集成电路变得越来越精细，变形对精度的影响也变得不可忽视。——译者注

到关注。铜布线比铝布线具有更好的性能，但它的缺点是极难通过干法刻蚀进行加工。

　　因此，开发了镶嵌工艺（大马士革工艺）的布线技术。镶嵌，尤其是金属镶嵌，诞生于叙利亚大马士革，在日本被用于制作日本刀的护手、镜子和装饰品等。

　　在镶嵌工艺中，如图3-5所示，在底层绝缘膜的表面形成用于布线电路图案的凹槽，并通过电镀在其上形成较厚的铜膜。之后，通过化学机械抛光（CMP）工艺对其表面进行抛光，以实现完全平面化的嵌入式铜布线（镶嵌布线）。铜易于电镀是非常幸运的。

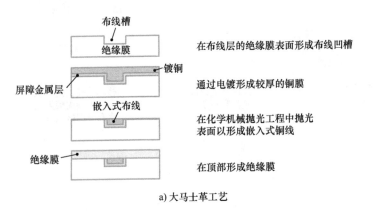

布线槽
绝缘膜　　　　在布线层的绝缘膜表面形成布线凹槽

屏障金属层　　镀铜　　　通过电镀形成较厚的铜膜

嵌入式布线　　在化学机械抛光工程中抛光表面以形成嵌入式铜线

绝缘膜　　　　在顶部形成绝缘膜

a) 大马士革工艺

单式大马士革工艺
铜
钨
铜

复式大马士革工艺
铜
铜
铜

过孔为钨式插头触点，仅走线为铜镶嵌

过孔和走线均为铜镶嵌而且同时形成

b) 大马士革工艺的布线结构

图3-5　通过大马士革工艺形成铜的嵌入布线

　　图3-6所示，这种镶嵌工艺可以在集成电路表面上形成没有凹凸的、平坦多层的布线[⊖]结构。

────────

　⊖　布线：与信号线相比，为了抑制电压下降（又称 IR drop，由于布线的电阻原因而引起的电压下降），多层布线中的电源线和地线使用更粗更宽的布线。

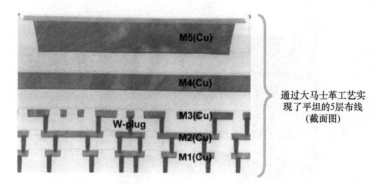

图 3-6　结合单式大马士革工艺和复式大马士革工艺的五层铜线的嵌入布线示例

3.4　IC 芯片全数检验：晶圆检验工艺的确认方法

　　构建在晶圆上的大量 IC 芯片会被逐个检验是否合格，这个过程被称为晶圆检验工艺。

　　一般来说，在商品制造中，商品的附加值随着制造工艺的进展而增加。尽可能多地去除在前道工序中可能不良的产品，在整体工时和成本方面会更有优势。

　　尤其是在 IC 芯片制造的前道工序中，很多 IC 芯片是一次性制作在一片晶圆上的，所以不可能在中间工艺中只去除有缺陷的芯片。只有在整片晶圆制造完成后，切割成单个 IC 芯片之前才能进行质量判断。

　　对晶圆和最终 IC 芯片产品来说，其合格与否的判断标准不同。因为各种条件存在差异，所以设定适当的判断标准很重要。换句话说，"既不能太紧，也不能太松"。如果标准太宽松，有缺陷的产品就会被送到下一道工艺，如果太严格，即使是合格的产品也会被废弃。

　　在晶圆检验过程中，如图 3-7 所示，晶圆被放置在针测机的探针台上，探针⊖和芯片上用于外部连接的一个个电极点，全部不漏地进行接触。为此使用了特殊的探针卡⊖，保证探针位置和每个 IC 芯片的所有电极点相对应。

　　从探针卡的探针引出电源线、地线、输入/输出信号线、时钟信号线等，并和内置有计算机的被称为测试机的 IC 测量仪器相连接。从测试机向 IC 芯片输入恒定的信号波形，通过 IC 芯片输出的信号波形与预编程的正确信号波形的比对来判断芯片的质量。当然，如果 IC 芯片没有信号响应，也会被判定为不合格。

　　⊖　探针：将其靠近要测量的样品并测量其物理和导电特性。探针由对钨线的尖端进行电解抛光而
　　　　制成，呈尖锐状。
　　⊖　探针卡：根据 IC 产品不同，有时探针卡附有的探针超过 2000 个。为了保证每个探针具有相同
　　　　的接触位置，因此探针卡需要高精度的平面性。

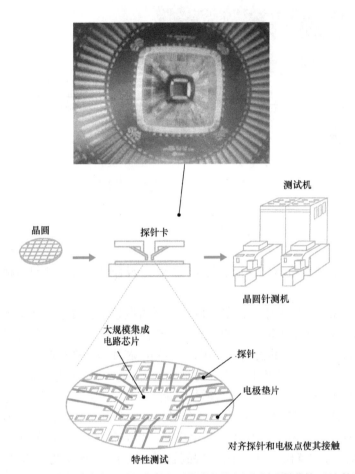

测试机

晶圆　　　　　　　探针卡

晶圆针测机

大规模集成
电路芯片

探针

电极垫片

对齐探针和电极点使其接触

特性测试

将晶圆放置在探针台上，插上探针卡，使探针与芯片上的电极逐个接触，用与针测机相
连接的测试机测量芯片的导电特性，判断其是否合格

图 3-7　晶圆检查

　　以这种方式判断，为不合格的芯片自动打上标记。当一个芯片测试完成后，
探针台移动到下一个芯片的位置，并执行下一个芯片的测试。这样，晶圆上的所
有 IC 芯片都被依次测量并做出合格与否的判断。

3.5　为保险起见引入冗余电路：紧急情况下备用存储器的构成

　　半导体存储器，例如 1GB 的动态随机存储器（DRAM），单个 IC 芯片内
置了 10 亿个存储单元，每个存储单元存储 1 位信息。如果这 10 亿个存储单元

中哪怕一个有缺陷，IC 芯片也不合格。细想起来，不得不说这也太浪费了。

因此设计了一种称为冗余的方法。该方法根据存储器的存储容量，在原有存储单元的基础上增加备用存储单元，通过交换存储单元修补 IC 芯片。

这类似于当身体的一部分功能因脑梗死等而受损时，身体会尝试用其他未使用的脑细胞代替已经死亡的脑细胞的工作。如图 3-8 所示，IC 芯片冗余电路由备用存储单元、原始存储单元和备用存储单元之间的转换电路而组成。

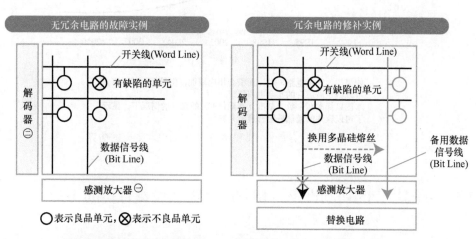

如果某条数据信号线上存在缺陷单元，则将该数据信号线全部替换成备用数据信号线以消除缺陷。利用多晶硅熔丝实现替换

图 3-8　IC 芯片的冗余电路示例

存储单元转换通常通过用激光切割 IC 芯片上的多晶硅熔丝（polysilicon fuse）来完成。在晶圆检验工艺中，测试机根据内存 IC 芯片缺陷的状态，确定有缺陷的存储单元在芯片中的位置等，来判断是否可以转换并记忆数据。甚至有时会根据点缺陷、线缺陷、集群缺陷来判断。

含有需要更换芯片的晶圆通过激光精整机，并基于数据进行修补。修补后的 IC 芯片再次进行晶圆检验工艺，如果合格则作为合格 IC 芯片再次使用。

从上面的说明可以看出，确定有多少备用存储单元很重要。也就是说，备用存储单元的数量越多，修补率就越高，但 IC 芯片的尺寸也必然会增加，晶圆上的 IC 芯片数量会减少。图 3-9 显示了一个以往修补率的示例。

⊖　感测放大器：放大电压或电流的信号以便于检测的电路。

⊖　解码器（decoder）：根据一定规则将编码信号转换（返回）为原始信号的电路。

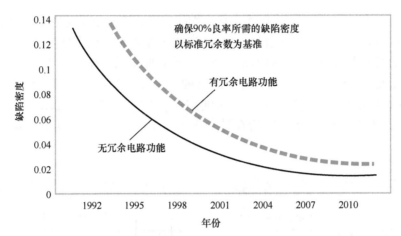

如果插入冗余电路，芯片面积会相应增加，但是根据修补率，
可以确定最合适的冗余电路规模
本图以标准冗余数为基准，在确保90%的良率的情况下，显示
了可以容许的最低缺陷密度的差异

图 3-9　动态随机存储器（DRAM）的冗余电路效果的估算

3.6　分割芯片的切割设备：切割精度为头发丝直径的 1/10

▶ 切割道称为划线

　　无缺陷的晶圆被送至背面研磨工艺，并研磨至所需的厚度。如图 3-10 所示，一片直径为 300mm 的晶圆最初的厚度为 0.775mm，通过背面研磨到 0.3mm 甚至更薄。这样做的目的是便于晶圆分离，降低搭载芯片时的封装高度，降低硅衬底的电阻。

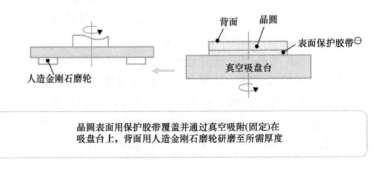

晶圆表面用保护胶带覆盖并通过真空吸附(固定)在
吸盘台上，背面用人造金刚石磨轮研磨至所需厚度

图 3-10　背面研磨至厚度 0.3mm 以下

───────

　⊖　表面保护胶带：使用聚对苯二甲酸（PET）和聚烯烃（PO）作为基材。

　　然后将晶圆切割（dicing）成单独的芯片。芯片也称为管芯，切割又被称为划线。切割设备称为切割机。

　　图 3-11 所示，切割时将背面研磨⊖后的晶圆贴在受紫外线照射后粘贴效果变弱的特殊紫外线（UV）胶带上，整体固定在框架上。然后使用含有人造金刚石颗粒的超薄圆形刀片（金刚石锯）对其进行切割。在晶圆上垂直和水平排列的芯片之间，有一条宽度约为 100μm 的切割道，称为划线。切割机的精度足以将人的一根头发垂直切成 10 根。还有一种使用激光代替刀片的切割设备被称为激光切割机。

▶ 分割成一个一个的芯片

　　切割后，用特殊夹具拉伸紫外线胶带，将切割的芯片全部崩开，在它们之间形成间隙并将它们分离成单独的芯片。

　　当从晶圆背面照射紫外线时，紫外线胶带会发生光化学反应并失去黏合强度，因此易于从胶带中取下芯片并便于存取。

　　最后使用显微镜检查 IC 芯片的外观有无缺边、划痕等缺陷，发现有缺陷的芯片将被剔除。在这个阶段也将同时去除通过晶圆检验工艺后有不合格标记的芯片。以这种方式筛选后的芯片将送到下一道工艺。

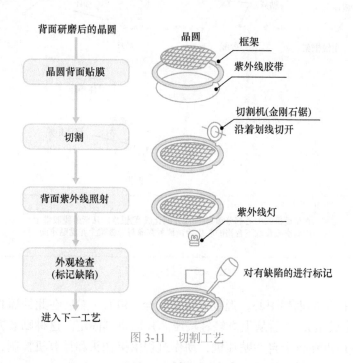

图 3-11　切割工艺

　　⊖　背面研磨：对于堆叠结构的封装芯片，芯片将被研磨至约 50μm 的厚度。

3.7　框架内贴片：封装位置的精确作业

将通过切割并判断为合格品的 IC 芯片逐个地装入单独的封装壳（用于包装 IC 芯片的外壳）中。因此，必须首先将芯片放置在封装的框架中心并进行贴附，这个过程称为贴装或芯片贴装，而自动实施此操作的设备称为贴片机。

封装的种类繁多，存储芯片的方法也不同。我们以最常用的模具封装为例来看看贴装过程。

▶ 各种贴装工艺

如图 3-12 所示，贴片机将排列在紫外线胶带上的合格芯片逐个地拾取，并将它们放置在被称为引线框架的金属框架中心上。

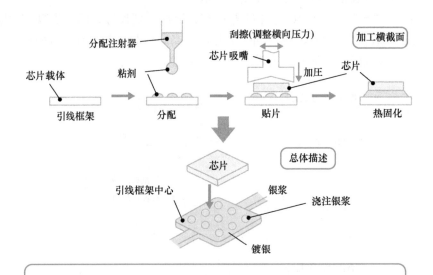

图 3-12　树脂贴装法

通常，镀银的框架中心，温度从室温升至 250℃，然后在此处灌封导电银浆（浇注并固化成型），然后从上方轻轻按压芯片以将其固定。这种贴装方式也称为树脂贴装。最近流行全自动贴片机，动作过程由摄像头和计算机控制，芯片和引线框架的搬运由机器人处理，完全不需要人为干预。

除了这种使用银浆的树脂贴装方法外，还有以下的其他方法，如图 3-13 所示。

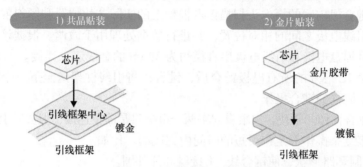

图 3-13　共晶贴装和金片贴装

1）引线框架中心的温度升至大约 400℃，将准备贴装的 IC 芯片直接压在镀金的框架中心上。这种方式称为共晶贴装。

2）插入金片，轻轻摩擦，与芯片的背面形成金 - 硅共晶状态而得以贴装固定。这种方式称为金片贴装[⊖]。

像这种需要在高温环境下进行的工艺，必须在氮气环境中操作，以防止金属部件氧化。

使用共晶反应的贴装工艺，主要用于使用陶瓷封装的高可靠性 IC 芯片。

在贴装时，不仅要将芯片牢固、精确地固定在框架中心上，而且还要降低框架中心与芯片之间的电阻和热阻。

3.8　金线的引线键合：在 0.01s 内完成的操作

▶ 连接芯片引线和电极

图 3-14 所示，为了贴装后的 IC 芯片与外部之间能够交换电子信号，芯片表面用于引出电极的键合焊盘和引线框架侧的引线电极之间，用细金线逐一连接，这个过程称为引线键合，设备称为引线键合机。目前引线键合机都是全自动的。

IC 芯片的焊盘电极的分布，使用引线框架类型的引线电极分布的方式，这些数据信

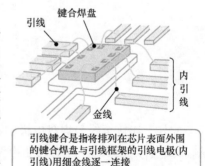

引线键合是指将排列在芯片表面外围的键合焊盘与引线框架的引线电极(内引线)用细金线逐一连接

图 3-14　引线键合的示意图

⊖　共晶：也称为共晶混合物或共析。同时从两种或多种液态物质中沉淀出的结晶混合物，这种反应称为共晶反应。

息提前输入存储到引线键合机中。

引线键合机内置的摄像头扫描读取框架上的实际芯片位置和倾斜度、每个焊盘电极和引线电极之间的相对位置，并进行数据处理用于微调。根据该数据，使用机械臂将焊盘电极和引线电极用直径约为 30μm 的金线逐一连接。

将一个 IC 芯片的所有电极键合后，键合机将引线框架送至下一个芯片位置并重复以上同样的键合操作。

这个键合操作非常快，肉眼看起来两个电极只是简单连接，但实际上如图 3-15 所示，很多复杂操作都是在很短的时间内完成的。比如

1）控制环路形状，使键合线⊖不接触芯片外围。

2）提高芯片和引线框架的温度。

3）摩擦键合线后连接焊盘和引线，金线从芯片侧与引线侧相连接，键合完成后快速切断金线等。

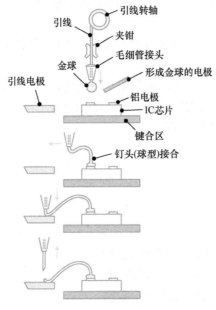

图 3-15　引线键合工艺

此外，连接金线与焊盘电极的方法有两种：一种是在 350℃ 左右的热压结合法，另一种是在 250℃ 左右的超声波能量法。此外，这两种方法也同样适用于连接金线和引线电极。

引线键合机在大约 0.01s 内完成这一系列的操作。电视上播放半导体工厂的

⊖　键合线：有时使用铝线代替金线。IC 芯片的键合线有时超过 2000 根。

生产状况时，经常播出键合工艺，可能是因为它对公众来说比较新颖吧。

图 3-16 显示了键合后的由显微镜放大的照片。

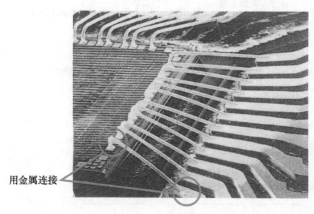

用金属连接

连接芯片键合焊盘电极和封装引线电极的细金线呈环状，以免接触芯片边缘

图 3-16　引线键合的显微镜照片示例

3.9　引线的表面处理：外部电镀，增加强度，防止生锈

▶ 去毛刺后电镀

采用模具封装工艺制造的 IC 芯片，在树脂封装工艺完成后，对引线框架的外部终端引线进行焊锡电镀或浸焊，形成焊锡保护膜。

在树脂封装过程中，当上下模具与引线框架紧密接触并注入树脂时，树脂会从引线框架和模具之间的微小间隙泄漏，产生细毛刺。如果有这种细毛刺，该部位将无法进行电镀，所以必须去除毛刺。树脂密封后的引线框架作为阴极，浸入碱性电解液中并施加电场时，会从引线框架的交界面产生氢气，使树脂上的细毛刺露出。

图 3-17 所示，使用高压水或玻璃粒子流喷射膨胀的树脂细毛刺，并利用冲击力去除细毛刺。当引线框架去掉毛刺后，通过外表焊锡电镀设备对外部引线进行电镀。

通常使用电解电镀的方法，即将阳极侧的焊板和阴极侧的引线框架悬挂在含有锡离子和铅离子的电镀槽中，然后导通电流。此时，失去带负电的电子，阳极侧的焊料熔化到电解液中，锡和铅的正离子附着在引线框架上，沉积焊料。沉积的焊料成分可以通过焊板和电镀液的成分来控制。

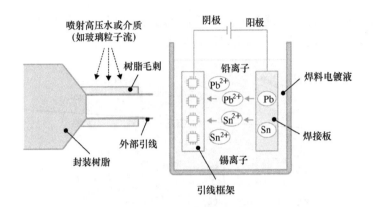

通过喷射高压水或玻璃粒子流去除树脂毛刺，
并通过焊锡电镀对引线框架的外部引线进行外表电镀

图 3-17　引线表面的电镀处理

　　外表电镀设备有两种类型：一种是批量搬运引线框架，一次处理数十个引线框架的机架式搬运方式的设备；另一种是通过皮带运输和处理单个引线框架的搬运方式的设备。选择哪种设备取决于使用目的。

　　引线表面处理采用了外表电镀，其目的是提高引线在形状加工过程中抗弯曲的机械强度，增强芯片安装在电路板上时的焊料润湿性$^{\ominus}$，并防止生锈。

　　电镀后，引线框架的引脚用模具压入，如图 3-18 所示，引线框架间的拉杆$^{\ominus}$通过模具切断。在树脂封装过程中，拉杆还具有防止树脂从模具中的间隙向外泄漏的作用。

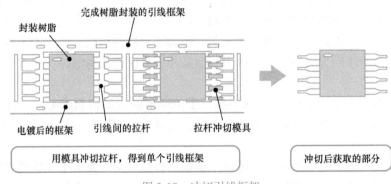

用模具冲切拉杆，得到单个引线框架　　　　　　冲切后获取的部分

图 3-18　冲切引线框架

　$\ominus$　焊料润湿性：焊料连接的可靠性通过焊料在金属表面上的润湿性来表示。具有较小液体接触角的固体表面具有良好的润湿性，易于焊接。
　$\ominus$　拉杆：本意为截流的横杆，这里指固定框架的横杆。

3.10　保护芯片的封装：防止气体、液体的渗入

键合工艺后，IC 芯片用塑模或密封剂密封，以防止来自外部的物理接触和污染物的侵入，这个工艺称为封装。IC 芯片的封装方式大致分为非气密封装和气密封装。

▶ 廉价的非气密封装法

非气密封装不能做到完全杜绝气体或液体的侵入，但具有便宜且可以大量生产的优点。使用模具的转注塑模法是非气密封装方法中最常见的方式。

在图 3-19 所示的转注塑模法中，将键合后的引线框架设置在模具成型机中，预热后，把热固性环氧树脂片放入模具，并对柱状活塞加压，将树脂注入模具的型腔。

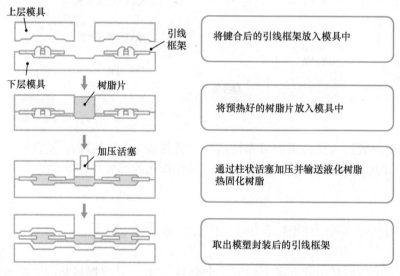

图 3-19　转注模塑法封装

在模具中的树脂固化到一定程度后，取出成型的引线框架，在设定的温度下完全固化。

近来一般使用多柱塞式全自动成型机，其特点是在复数引线框架的每个注射位置配置柱状活塞。

成型完成后，去除附着在引线框架上的树脂和毛刺，修整外形。

在塑模封装中是由树脂包裹芯片，因此在防潮性和耐热性方面存在缺陷。为了确保可靠性，需要改进树脂材料、引线框架形状、芯片设计本身和芯片涂层等。尤其要防止水分侵入，其可能会沿着引线和树脂之间的交界面浸入，导致诸如布线金属腐蚀等缺陷。

▶ 金属封装等气密封装法

图 3-20 所示，这是一种与外界隔离，完全防止微量气体和水分侵入的气密封装方法。

图 3-20　封装的类型

气密封装法包括昂贵但可靠性高的金属封装（金锡封装）、便宜但封装温度为 480℃的低熔点玻璃封装（Cer-DIP）、使用焊锡的焊接封装等。

3.11　引线引脚的加工成形：根据封装形状加工

外表电镀后从引线框架上切下一个个 IC 芯片，并根据封装的最终形式对引线引脚[⊖]进行加工成形。

▶ 插入安装型和表面安装型

IC 芯片封装有多种类型，如图 3-21 所示，根据电路板上的安装方法进行如下分类。

　⊖　引线引脚：具有大量引线引脚的 IC 芯片有时被称为"千足虫"芯片，因为它们很像昆虫的腿。

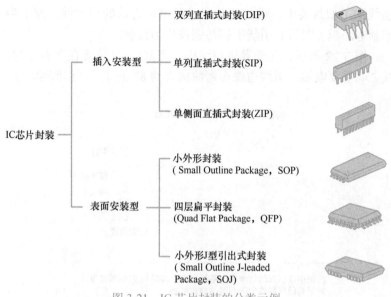

图 3-21 IC 芯片封装的分类示例

插入安装型具有笔直向下延伸的引线引脚，这些引线引脚插入电路板上的铜布线焊盘的开口中并进行焊接。这样 IC 芯片就被固定在电路板上了。

插入安装型封装有以下几种类型。

1）从封装两侧伸出引线引脚的双列直插式封装（Dual Inline Package，DIP）型。

2）从封装一侧伸出引线引脚的单列直插式封装（Single Inline Package，SIP）型。

3）非直线状，锯齿形引线引脚的单侧面直插式封装（Zigzag Inline Package，ZIP）型。

相反，表面安装型[⊖]的引线引脚不是直的，而是"鸥翼型"，又被称为"海鸥翼"。这种向外平弯的引线引脚，称为小外形封装（Small Outline Package，SOP）型和四层扁平封装（Quad Flat Package，QFP）型。还有一种 J 型引线（J-leaded type），它向内弯曲成 J 形，以便与封装芯片合抱在一起，称为小外形 J 型引出式封装（Small Qutline J-leaded Package，SOJ）型。

当将这些表面安装型 IC 芯片安装在电路板上时，每根引线与指定的铜线对齐，然后焊接、固定形成导通电路。使用表面安装型封装，可以提高上下厚度方向的安装密度，这有助于数码相机、智能手机和移动设备的薄型化。

⊖ 表面安装型：已经成为使电子设备更轻、更薄、更短、更小的不可缺少的封装技术。

在引线加工型封装中，重要的是要确保整个表面的均匀性，便于当 IC 芯片放置在印制电路板上时所有引线引脚与铜线均匀接触。

此外，图 3-22 所示，在鸥翼型封装中，当 IC 芯片放置在平面上时，由于引线和铜线之间需要电镀，引线边缘会弯曲成大约 8° 的角度（引脚角度）。

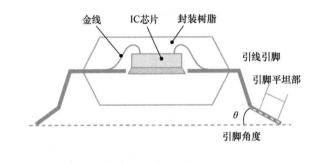

控制引线引脚的边缘和电路板表面之间的角度(引脚角度)，
对于确保焊料均匀的润湿性非常重要

图 3-22　鸥翼型封装

为了防止引线成形的后续工艺（如通电检查和筛选测试）导致引线引脚的形状变形，有时还需要重排工序，在通电检查之后对引线形状实施加工成形工艺。

3.12　用于芯片识别的激光打标：标注制造的时间、地点和方式

▶ 目的在于便于识别和追溯

IC 芯片表面的压印（标记）显示制造商的商标、产品名称、批号等。一般来说，打标是在半导体组装工艺的最后，但对一些根据存储器、CPU 的运行速度进行分级的 IC 芯片，也有可能在测量电子特性的检验工艺之后立即打标。

图 3-23 所示，打标有两个目的：产品标识和产品可追溯性。产品标识表明产品的属性，产品可追溯性意味着能够追溯产品的制造时间、地点和方式。

万一产品出现问题，由于可追溯性，IC 芯片制造商和用户都可以调查原因，考虑如何处理问题产品，或采取及时改进的措施，防止再次发生同种问题。

根据封装的类型，有多种打标方法，这里我们将介绍油墨打标和激光打标。

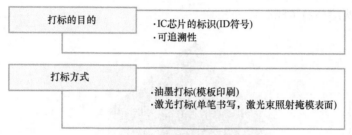

图 3-23　打标的目的和方法

▶ 油墨打标

采用模板印刷方法，使用指定的白色或黑色的热固化（或紫外线固化）油墨在封装的表面进行打标。油墨打标的优点是容易看到，但也存在打标时缺字、后期工艺造成文字变色、油墨造成污渍、清洗污渍费时等问题。

▶ 激光打标

对于塑模封装的 IC 芯片来说，使用二氧化碳气体激光束或 YAG 激光束$^{\ominus}$，在封装表面熔化 20~30μm 深的树脂层，以显示字符。激光打标有两种类型：一种是聚焦激光束并单笔书写，另一种是使用刻有字符的金属或玻璃掩模，用激光束照射掩模表面以标识字符。

虽然激光打标比油墨打标更难看清，但具有良好稳定的物理性和化学性，可以做到长时间的显示。此外，工作的环境得到清洁改善，因此可以说是一种极其环保的方法。

图 3-24 所示，压印符号包括公司商标、组装产地名称、产品名称、制造批号等。

行业知识：晶圆制造商和电子设计自动化（EDA）供应商

来看一看世界主要的晶园制造商，晶圆是 IC 芯片的起始材料。但是，这里我们只列出用柴可拉斯基法（Czochralski 法）拉制单晶和加工晶圆的公司。

1）信越半导体公司（日本）。

2）胜高公司（日本）。

3）世创电子公司（德国）。

4）孟山都电子材料公司（美国）。

5）鲜京矽特隆公司（韩国）。

———————————

　　$\ominus$　YAG 激光器：使用钇、一氧化铝和合成石榴石产生激光（YAG 激光）的设备。除了用于加工首饰外，还可用于激光振荡。

6）科跋凌公司（日本）。

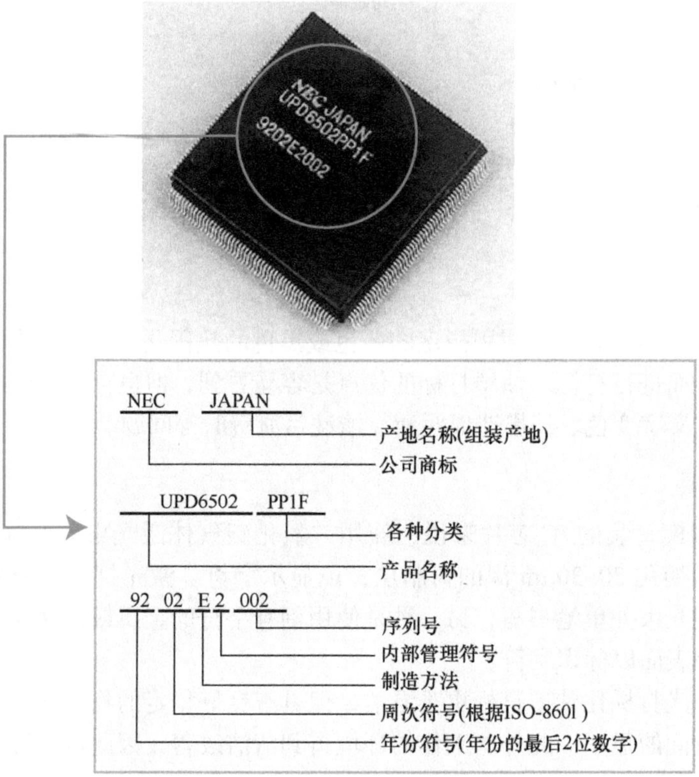

图 3-24　IC 芯片压印示例（塑模封装上的激光标记）

其中，三家日本公司的产量约占世界总量的 70%（不过，科跋凌仅占百分之几）。除了镜面抛光的标准基础晶圆外，这些制造商还提供外延晶圆，即在基础晶圆上外延生长出单晶硅薄膜的晶圆。此外，SOITEC 公司是法国一家专门生产绝缘膜晶圆（又名贴合晶圆）的制造商。

有关提供半导体设计工具的电子设计自动化（EDA）厂商，下面列出的 3 家公司均为美国公司。

1）楷登电子公司（Cadence）。

2）新思科技公司（Synopsys）。

3）明导国际公司（Mentor）。

除了提供从综合逻辑、验证到版图设计、验证的电子设计自动化工具以外，这些公司还涉足硬件模拟、模拟优化技术（在计算机辅助设计的软件中模拟优化需要的半导体电子器件）和嵌入式系统开发等业务。

了解原材料、机械和设备

4.1 为何进口硅：和生产铝一样是电力消耗大户

▶ 硅存在于石头中……

典型的半导体材料是硅（Si）。地球表面附近地壳中的元素丰度（即元素的相对含量）被称为克拉克数[⊖]，硅的克拉克数约为 26%，是元素丰度仅次于氧（约为 50%）的第二元素。

工业硅的主要原料是二氧化硅（SiO_2），在我们周围的白色石头中就含有大量的硅。但是，日本的硅却完全依赖从国外进口。这是为什么呢？

秘密在从二氧化硅（SiO_2）中提取硅（Si）的方法中。将二氧化硅与木炭等含碳材料一起放入电炉中，通以大电流，升高炉温，含碳材料释放的气态碳从二氧化硅中吸收氧并将其转化为二氧化碳和一氧化碳，同时释放出金属硅。

▶ 将纯度提高到 99%……

这种硅称为金属硅或金属级硅，纯度约为 99%。

但是，由于这种还原反应需要大量的电力，所以它不是在电费极高的日本生产的，而是所有的产品都通过进口。图 4-1 展示过去 2010 年世界硅生产商的比例。其中，金属硅的主要生产国是中国、俄罗斯、挪威、巴西、美国、南非等，因为这些国家电价比日本较低。

在日本以金属硅的形式进口，经过高纯度的蒸馏和精炼，从多晶硅到单晶硅，最后制造出晶圆。

⊖ 克拉克数：存在于地球表面附近的元素相对含量的百分比。在氧和硅之后，依次为铝（Al）7.56%、铁（Fe）4.01%、钙（Ca）3.39%、钠（Na）2.67%、钾（K）2.40% 等。

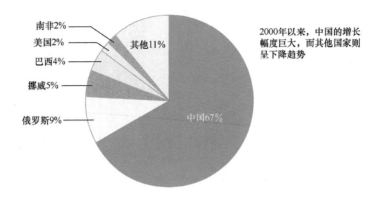

图 4-1   世界硅生产国的产量比例（以 2010 年为例）

这种情况与铝非常相似，因为从铝土矿[⊖]（一种铝矿石）中冶炼铝也需要大量的电力。

生产 1t 铝需要 10000 多度的电力，因此铝也被称为"罐装电力"。从这个意义上说，硅也是"罐装电力"。

图 4-2 中总结了硅的典型特性。

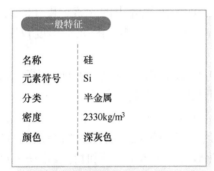

一般特征	
名称	硅
元素符号	Si
分类	半金属
密度	2330kg/m³
颜色	深灰色

物理性质	
熔点	1414℃
摩尔体积	$12.06×10^{-3}m^3/mol$
电导率	$2.52×10^{-4}m·Ω$
导热系数	$148W·m^{-1}/K$
比热容	$700J·kg^{-1}/K$

原子性质	
原子序数	14
原子质量	28.0855u
原子半径	$111×10^{-12}m$
晶体结构	金刚石结构 (面心立方结构)

其他属性	
克拉克数	25.8% (第二多)
电负性	1.9

图 4-2   硅的典型特性

────────────

⊖   铝土矿：Bauxite，一种矿石，主要成分是氧化铝，其他还含有氧化铁和黏土矿物等成分。

4.2 工厂引进设备的整个步骤：设备制造商经验的积累

将半导体设备引入工厂不同于在工厂安装空调等设备。一般在引入演示机、提出改进建议、进行综合测试等之后才正式引入。下面让我们介绍一下整个流程。

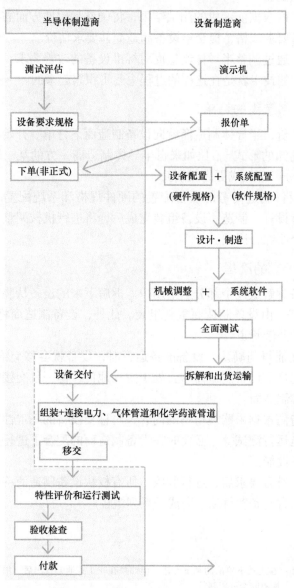

图 4-3 生产线的设备引进流程示例

▶ 从借用演示机开始

这里，我们以设备制造商已经拥有所谓的"演示机"而不是全新设备的情况为例，在图 4-3 中展示半导体制造商与半导体设备制造商之间的工作流程。演示机是设备制造商拥有的用于演示目的的设备，半导体制造商可以借用一段时间，在实机上进行测试。

半导体制造商根据演示机的测试结果，将硬件和软件方面需要改善之处结合起来，制定设备要求规格，提交给设备制造商并要求估价。

换句话说，通过调整半导体制造商对标准设备的改善要求，来制造半导体设备。设备制造商的技术就是在这样的过程中逐步积累起来的。

▶ 来自半导体制造商的订单

如果认可估价，半导体制造商就向设备制造商下订单。开始的时候往往看到的会是非正式通知的形式⊖，比如来自半导体制造商一方的某一级别的负责经理（例如部长或者分厂厂长或更高级别）。

基于此，设备制造商考虑设备配置的硬件规格和系统配置的软件规格，根据所需规格进行设计，制造。设备组装完成后，将进行机械调整、模块和系统测试，最后进行全面综合测试。

▶ 从交货到验收⊖的流程

首先将设备拆解成几个部分运给用户。拆解下来的设备从装货口运到半导体制造商的无尘室，由设备制造商重新组装。此外，设备制造商将负责连接电力、气体管道和化学药液管道。

一旦基本性能得到确认，设备准备运行时，设备就会移交给半导体制造商。也就是说，在此之前设备制造商一直处于主动地位，但一旦交接完成，主导权就会移交给半导体制造商。

半导体制造商根据采购规格书的内容，对移交设备的基本性能和稳定性进行检查，或者实施运行测试等，必要时在设备制造商的配合下进行更细致的改进和调整，提高设备性能。

当确认设备符合要求后，进行验收，所有权从设备制造商移交到半导体制造商。之后，根据合同条款付款，完成一系列流程。

⊖　非正式通知：在正式下单前的私下许诺。但如果在非正式通知发出后，由于经济波动或其他因素取消合同，则有时会处以罚款。

⊖　验收：确认交付的设备与订单相符后接收设备。

4.3 同样的设备制造出的是同一 IC 芯片？无数种组合里优化参数

标题中问题的答案是"不"。换句话说，使用相同的设备不一定能生产出相同的 IC 芯片。

▶ 最终调整造成千差万别的结果

下面以干法刻蚀设备为例说明原因。在干法刻蚀中，将气体引入腔室，气体被高频电源激发，会产生等离子体，进而形成离子和自由基[⊖]。将材料薄膜上形成有光刻胶图案的晶圆放置在该腔室中，产生的离子和自由基与薄膜材料发生反应，会生成挥发性反应物，通过真空排气后，将材料薄膜加工成与光刻胶图案相同的形状。

干法刻蚀设备有各种类型。下面以反应离子刻蚀（RIE）设备为例进行说明。如图 4-4 所示，将腔室抽真空到 1~10Pa，然后注入刻蚀气体。

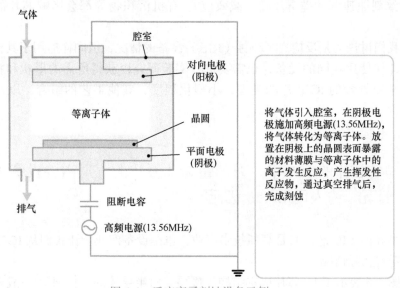

图 4-4 反应离子刻蚀设备示例

晶圆上阴极侧的平板电极连接到 13.56MHz 的高频电源，相对的阳极侧的平

⊖ 自由基：化学术语，指一个不稳定且具有高度化学活性的"基团"（＝原子聚集体），具有不成对的电子。

板电极接地。阳极和阴极之间发生放电，使气体电离。这些离子与材料薄膜发生反应，完成刻蚀。

此外，刻蚀效果会根据"配方"的不同而变化，例如真空度、排气量、引入腔室的气体类型及使用量、电极温度等。如图 4-5 所示，仅气体类型就有多种选项。

被刻蚀材料	用于刻蚀的气体种类
硅、多晶硅、二硅化钨（WSi_2）等硅化物	四氟化碳（CF_4）、四氯化碳（CCl_4）、六氟化硫（SF_6）等
铝、钛、钨等金属	三氯化硼（BCl_3）、四氯化碳（CCl_4）、氯气（Cl_2）等
二氧化硅（SiO_2）、氮化硅（Si_3N_4）、氮氧化硅（$SiON$）等绝缘膜	四氟化碳（CF_4）、氟仿（CHF_3）、六氟乙烷（C_2F_6）等

图 4-5 干法刻蚀的被刻蚀材料和气体类型示例

因此，刻蚀速率、不同的光刻胶掩模材料、静电、机械损伤、因图案疏密导致刻蚀速率的差异（微负载效应）、有机沉积物等都会影响芯片的结构和特点。

我们讨论的是反应离子刻蚀（RIE）设备的情况，但同样适用于其他工艺设备。即使使用相同的设备，也需要进行实验研究以获得所需的形状和特性，这取决于要处理的 IC 芯片的类型、小型化程度、其他工艺的组合，以及最终的微调。

4.4 IC 芯片的成本率：月产量为 2 万片的工厂需要投资 3000 亿日元（约人民币 150 亿元）

半导体（IC 芯片）是高新技术产业，也是设备产业。让我们从 IC 芯片的成本来看看实际情况。

图 4-6 展示了 IC 芯片成本结构的概要。对半导体的"折旧"[⊖]一般采用 50% 余额递减法，使用寿命为 5 年。例如，如果对工厂投资 100 亿日元，则第一年将折旧为 50 亿日元，第二年折旧为 25 亿日元，依此类推。

⊖ 折旧：将固定资产在使用期间（时间）内产生的经济价值下降分摊到使用寿命内的各个期间，分为余额递减法和直线法。

费用项目		主要项目和具体示例
折旧成本		余额递减法，使用寿命为 5 年
材料成本 （原材料 / 材料成本）	直接材料成本	晶圆、靶材（用于溅射沉积的材料）
	间接材料成本	光掩模、光刻胶、化学药液、气体、成浆磨料（用于抛光的研磨液）等
人工成本 人事费用（工资和奖金）	直接人工成本	制造部门
	间接人工成本	其他部门
业务费用		电费、设备维修费、外包费等

图 4-6　IC 芯片的成本结构

材料成本包括直接材料成本，例如晶圆和靶材，以及间接材料成本，例如光掩模、光刻胶、化学药液、气体和成浆磨料（用于抛光的研磨液）等。

人工成本的计算是根据所需的 IC 芯片产量提供的劳务服务量，参照占收率⊖（占用时间 / 总工作时间）确定的。业务费用包括电费、设备维修费、外包费等。例如，假设我们投资 3000 亿日元建立了一条前道工序生产线，该生产线每月生产 2 万片晶圆，用于制造 40nm 制程技术的超级大规模集成电路。图 4-7 显示了这种情况下的成本核算示例。此处显示了第一年、第三年和第五年的年度总制造成本及其详细项目（折旧成本、材料成本、人工成本、业务费用）。

▶ 在日本，折旧期限至关重要

假设一片晶圆平均可以得到 250 个合格的 IC 芯片，那么年产量将达到 6000 万个（即 2 万片 ×12 月 ×250 个）。如图 4-7 所示，下式成立。

每个芯片的制造成本 = 每年的总制造成本 / 无缺陷芯片的总数

（以图中第一年为例：1458 亿日元 /6000 万个 =2430 日元 / 个。——译者注）

在实际的 IC 芯片制造中，该芯片成本（前道工序的成本）还得加上后道工序的组装成本，所以大约是目前的 1.3 倍。由此可估算，IC 芯片的售价必须达到多少才能盈利。

虽然这样的计算很粗略，不能指望它太精确，但通过这种计算方式，就可以很好地了解 IC 芯片的成本了。基于这个结果，可以说半导体行业的确是一个依靠设备的行业，而且还要意识到折旧期限的重要性。曾经有人说日本劳动力成本高，但就半导体制造而言，其实问题并没有那么严重。

———————————

⊖　占收率：假设在某条 IC 芯片生产线上生产多种产品，在该生产线上的一名操作员生产了所有的这几种产品，那么在某一种产品上花费的时间比例为占收率。

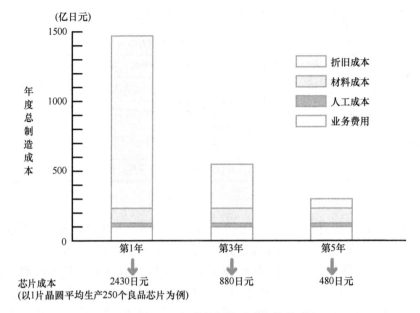

图 4-7　年度总制造成本和芯片成本

4.5　原材料的保质期参差不齐：药液因为温度、湿度的不同产生细微的变化

加工食品有保质期或消费期，用于半导体制造的原材料也有质量保证期。每种原材料的质量保证期由供应方的材料制造商提供，半导体制造商只需要通过质量保证体系（QA）即可。

▶ 硅、气体和化学药液的质量保证期

图 4-8 展示了主要原材料的质量保证期。

物品		储存地点	质量保证期
晶圆 溅射靶材（硅、铝、钛、钨等）		材料仓库	无
气体	氮气（N_2）、氧气（O_2）、氢气（H_2）、氩气（Ar）	气体工厂⊖	—
	氨气（NH_3）、一氧化二氮（N_2O）、乙硼烷（B_2H_6）、三氯化硼（BCl_3）等	气瓶室	6 个月

图 4-8　主要原材料的质量保证期

⊖　气体工厂：包括在工厂内生产氮气（N_2）的现场工厂。

	物品	储存地点	质量保证期
气体	硅烷（SiH_4）、氦气（He）、二氧化碳（CO_2）、四氟化碳（CF_4）、氯气（Cl_2）、磷化氢（PH_3）、六氟化硫（SF_6）等	气瓶室	1 年
化学药液	光敏聚酰亚胺	设备	3 个月
	光刻胶	设备	6 个月
	显影液	供给室	6 个月
	氢氟酸（HF）、盐酸（HCl）、硫酸（H_2SO_4）、硝酸（HNO_3）、磷酸（H_3PO_4）	供给室	6 个月
	稀释液	供给室	1 年
	六甲基二硅氮烷（HMDS）	设备	1 年

图 4-8　主要原材料的质量保证期（续）

在图 4-8 中所示的原材料中，晶圆和各种溅射靶材，即硅（Si）、铝（Al）、钛（Ti）、钨（W）等，基本没有质量保证期。因此，考虑到交货日期，有必要的库存就足够了，即使库存周期很长，也不会变质。

气体质量保证期最短为 6 个月，一般为 1 年。氨气（NH_3）、一氧化二氮（N_2O）、乙硼烷（B_2H_6）、三氯化硼（BCl_3）等为 6 个月，其他各种气体为 1 年。

另一方面，对于化学药液，质量保证期最短为 3 个月，最长为 1 年，通常为 6 个月。3 个月质量保证期的包括聚酰亚胺等光敏涂料，1 年质量保证期的包括六甲基二硅氮烷（HMDS）和稀释液，用以增加光刻胶和晶圆之间的附着力。其他光刻胶和显影液，或各种酸，比如氢氟酸（HF）、盐酸（HCl）、硫酸（H_2SO_4）、硝酸（HNO_3）等都是 6 个月。

这些化学药液在使用前 24 小时被配置到生产线，并在完全符合所需的加工条件后供应到加工点。特别是光刻胶的黏度等特性会随着温度和湿度的变化而发生微妙的变化[⊖]，因此材料制造商必须将它们存放在与生产线温度和湿度相同的环境中。

为此，定期向大型半导体工厂供应光刻胶时，材料制造商在尽可能靠近工厂的地方建立储存仓库，将其存放在良好的保存环境中，然后运输到工厂。这样可以避免因长途运输而引起容器内壁产生颗粒物（微尘），以确保快速提供优质原材料成为可能。

⊖　光刻胶：温度和湿度越高，光刻胶的黏度越低。

4.6　晶圆的边缘部分为何不能用：周边除外（Edge Exclusion）

▶ 2mm 的"圣域"

图 4-9 所示，如果你仔细观察晶圆的外围，你会发现它有斜面。这种外围斜面通常被称为倒角（beveling）⊖。

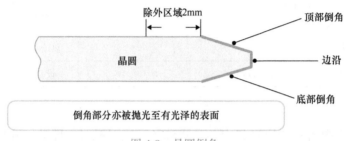

图 4-9　晶圆倒角

在 IC 芯片制造过程中，将晶圆存放在晶圆盒中并通过搬运系统搬运。当晶圆边缘承受机械力的时候，为了防止产生细微的硅粉和碎裂，实施斜面加工。斜面部分的形状经过严格设计，并以与晶圆表面相同的方式进行镜面抛光，以实现发亮的光洁度。

图 4-10 所示，在晶圆上制作大量 IC 芯片时，由于该斜面部分的存在，从外围延伸到斜面部分以后，必须再向内侧延伸 2mm。芯片仅放置在延伸 2mm 后的内侧区域内。这种把晶圆周边排除不要的区域称为除外区域。⊖

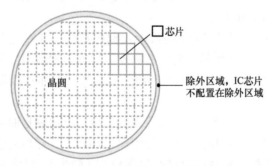

图 4-10　除外区域和 IC 芯片的配置

⊖　倒角形状：通过实施晶圆边缘反复撞击硬物的测试，选择了这种最不容易导致碎裂和产生硅粉最少的形状。

⊖　缩小除外区域：随着 IC 芯片技术的进步，边缘除外区域逐渐缩小到现在的 2mm，以增加有效芯片的数量。

　　排除该区域的原因是，在光刻工艺中将光刻胶涂敷到晶圆上时，晶圆周围斜面部分的存在使膜厚不均匀，难以进行高精度的光刻图案。此外，当处理涂有光刻胶的晶圆时，施加在晶圆边缘的机械力会导致光刻胶剥落，产生微尘，可能会污染光刻机的晶圆台或晶圆盒。

　　此外，在形成各种薄膜的过程中，晶圆周围生长的薄膜可能会在随后的晶圆处理过程中被剥离，从而导致微尘和污染。

▶ 为产量做贡献

　　边缘排除的方法有多种，如图 4-11 所示，一种已知的方法是将光刻胶涂敷在晶圆上，一边旋转晶圆，一边将稀释液滴加在晶圆的外围边缘上。

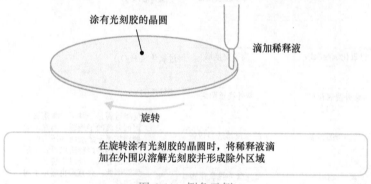

涂有光刻胶的晶圆

滴加稀释液

旋转

在旋转涂有光刻胶的晶圆时，将稀释液滴
加在外围以溶解光刻胶并形成除外区域

图 4-11　倒角示例

　　对微小颗粒和微小杂质极为敏感的半导体 IC 芯片来说，这种细致入微的方法极大地提高了产量和可靠性。

4.7　超纯水因工厂而异，因产品而异：从水源到超纯水的生产过程

　　杂质极少的水称为纯净水。由这种纯净水进一步提纯的水就是超纯水（Ultra Pure Water，UPW）。图 4-12 展示了一个超纯水供应系统的示例。根据工厂所在地的不同，水源采用工业用水、河水、地下水[⊖]等。

　　还需要根据水源质量优化超纯水生产工艺。此外，所需规格根据生产的 IC 芯片类型（产品的换代）也有所不同。

　　为了从水源中生产超纯水，首先使用混凝浮选设备和过滤器去除不溶于水的悬浮固体（Suspended Solid，SS），以澄清水质。接下来在脱碳塔中去除碳。

　　⊖　地下水：使用地下水作为水源的工厂在厂房内拥有专用水井。

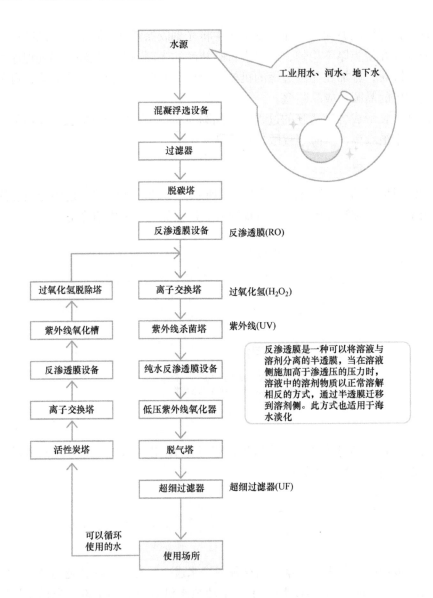

图 4-12　超纯水供应系统的示例

　　之后，通过使用反渗透（Reverse Osmosis，RO）膜设备去除杂质，通过离子交换树脂去除金属离子，通过紫外线照射分解去除有机物，通过真空脱气去除氧气。反复重复以上步骤，最后将通过超细过滤器[⊖]（Ultra Filter，UF）过滤后

　　⊖　超细过滤器（Ultra Filter, UF）：孔径为 0.01~0.001μm 的过滤器，利用分子筛效应（主要依据分子量的大小）进行分离。

的超纯水供给各使用点。

▶ 以 **1.5m/s** 或更高的速度流动的超纯水

生产的超纯水在流向使用点的途中，不得暴露在空气中，而且在管道或水箱中也易被污染。出于这个原因，必须定时用过氧化氢（H_2O_2）对管道进行清洗，并在必要时更换超纯水。

此外，在供给超纯水时，如果水流停滞，就会产生污染，因此必须以 1.5m/s 以上的流速保持流动。

以上是从水源到生产超纯水的供水系统的主要流程，同时针对可以循环使用的水也可利用这种系统。也就是说，从使用点回收的废水经过活性炭塔、离子交换塔、反渗透膜设备、紫外线氧化槽、过氧化氢脱除塔等处理，然后返回主管道再利用。超纯水的输送量因工厂规模而异，但可粗略地认为每天超过几千吨。

4.8　超纯水的纯度：没有统一的标准

▶ 超纯水的标准是什么

我们已经说过超纯水是非常干净的水，但它到底有多干净呢？超纯水没有统一的管理指标或标准值。图 4-13 展示了最先进的半导体工厂的标准值。

项目	规格	备注
电阻率 或者电导率	>18.2MΩ·cm < 0.0548μS/cm	表示溶解的电解质浓度
微粒数（直径 >0.03μm）	<10 个 /mL	常见异物数量
活菌数	<1 个 /mL	细菌数
总有机碳	<1μgC/L	有机物的碳元素（C）转化量
二氧化硅	<1μgSiO$_2$/L	硅酸盐含量（SiO$_2$）
溶解氧	<5μgO/L	作为细菌营养物的活菌管理指标
离子数量	< 0.001μgNa/L	钠（Na）离子
	< 0.005μgCl/L	氯（Cl）离子
	< 0.001μgFe/L	铁（Fe）离子

注：μgC/L 有时写为"作为碳元素（C）时的 μg/L"。

图 4-13　半导体工厂的标准值

（1）电阻率（MΩ·cm）　电阻率表示溶解在水中的电解质的浓度。换言之，电解质的量越少，电阻率越高。在25℃时需要18.2MΩ·cm或更高的电阻率。

（2）微粒数（个/mL）　指粒径在0.03μm以上的一般异物，要求在10个/mL以下。

（3）活菌数（个/mL）　指细菌数量，管道内部使用过氧化氢（H_2O_2）进行消毒和清洗，以防止细菌在管道内繁殖。要求在1个/mL或以下。

（4）总有机碳（μgC/L）　Total Organic Carbon（TOC），指以碳元素表示水中的有机物，要求在1μgC/L以下。

（5）二氧化硅（μgSiO_2/L）　它是一种对硅半导体有害的硅酸盐，要求在1μgSiO_2/L以下。

（6）溶解氧（μgO/L）　水中溶解的氧是细菌的营养物质，因此是活菌管理的指标。要求在5μgO/L或以下。

（7）离子数量（μg/L）　钠（Na）、氯（Cl）和铁（Fe）的离子数量应分别在0.001μg/L、0.005μg/L和0.001μg/L以下。

图4-14展示了超纯水在半导体生产线中的主要用途。

用途	具体示例
用于清洁	晶圆、各种材料、设备零件、管道
用于冲洗	在用化学药液等清洗后使用超纯水冲洗
用于化学药液的稀释调整	氢氟酸（HF）的稀释⊖、浓度调整等
用于设备冷却	扩散炉、离子注入机、溅射设备等
其他	液浸式曝光⊖（氟化氩（ArF）准分子激光）

图4-14　超纯水在半导体生产线中的主要用途

用于清洗晶圆、材料、零件、管道等，用于化学处理晶圆后的冲洗，以及调整湿法刻蚀所需的各种酸的浓度。

还可以用作各种制造设备的冷却水。而且作为更专业的应用，可以用于氟化氩（ArF）准分子激光的液浸式曝光加工中。也就是说，利用水的折射率（1.33）大于空气的折射率（1），可以将曝光的物镜浸入水中进行光刻曝光，分

⊖　稀释氢氟酸：用超纯水稀释的氢氟酸。
⊖　液浸式曝光：分辨率R表示为$R=(1/n)k\lambda/NA$，其中经验常数为k，光源波长为λ，数值孔径为NA，浸液的折射率为n。

辨率可以提高 1.33 倍。因此可以在不改变激光波长的情况下刻蚀出更精细的电路图案。

4.9　药液、气体的纯度：2N5 表示 "99.5%"

▶ 看看电子级别

在制造超精细的 IC 芯片时，需要极高纯度的化学药液和气体。这样的纯度一般称为"电子级别"（EL 级）。那么这些化学药液和气体的纯度到底是多少呢？

图 4-15 为正性光刻胶高性能显影液的检查项目及规格值。在此，色调⊖单位为黑曾⊖（Hazen），碳酸盐以 CO_3^{2-} 的形式表示。液体中的粒子数指粒径为 $0.3\mu m$ 以上的粒子。对于各种金属杂质而言，钠（Na）小于 10×10^{-9}，所有其他杂质均小于 3×10^{-9}。

检查项目	规格值
色调	<5Hazen（色调单位）
含量	$20.00 \pm 0.20\%$
碳酸盐	$<15 \times 10^{-6}$（以 CO_3^{2-} 的形式换算）
氯	$<150 \times 10^{-6}$（以 Cl^- 的形式换算）
甲醇	$<40 \times 10^{-6}$
微粒	< 200 个 /ml（直径 $\geq 0.3\mu m$）
金属杂质	$<3 \times 10^{-9}$（银、铝、钡、钙、镉、铬、铜、铁、钾、锂、镁、锰、镍、钯、锌） $<10 \times 10^{-9}$（钠）

图 4-15　显影液的检查项目及规格值

图 4-16 显示了具有代表性的气体的纯度（部分以液化气体的形式购买）。通过特殊液体运输车批量采购的液氧和液氮的纯度分别为 2N6 和 5N。N 表示 9，例如 2N5 表示 99.5%。

⊖　色调：颜色感知的三个要素之一，由产生与该颜色相同的光谱单色光的波长表示。

⊖　黑曾（Hazen）：代表液体的着色程度。

气体种类	采购形式	纯度
液氧	特殊液体运输车	2N6（99.6%）
液氮	特殊液体运输车	5N（99.999%）
氩气（Ar）	储罐装框	4N
氢气（H_2）	储罐装框	5N
三氟化氮（NF_3）	气瓶	4N
乙硼烷（B_2H_6） 三氯化硼（BCl_3） 氯气（Cl_2） 四氟化碳（CF_4） 六氟化硫（SF_6） 二氧化碳（CO_2） 氙气（Xe）	气瓶	5N
硅烷（SiH_4） 氨（NH_3） 磷化氢（PH_3）	气瓶	5N5
氮气（N_2） 氦气（He）	气瓶	6N
四乙氧基硅烷（TEOS）	气瓶	7N5

图 4-16　具有代表性的气体的纯度

　　此外，购买储罐装框（一种将大量储罐容器装框固定的设备）的氩气（Ar）和氢气（H_2）分别为 4N 和 5N。其他由气瓶采购的各种气体，例如三氟化氮（NF_3）为 4N，氯气（Cl_2）为 5N，硅烷（SiH_4）为 5N5，氦气（He）为 6N，四乙氧基硅烷（TEOS）为 7N5 等。

　　图 4-17 为三氟化氮（NF_3）的检查项目和规格值，用于刻蚀和腔室内壁的干洗。纯度为 4N（99.99%）以上，要求其中含有的二氧化碳（CO_2）、水、一氧化二氮（N_2O）为 5×10^{-6} 以下，六氟化硫（SF_6）为 10×10^{-6} 以下，氧气与氩气（O_2+Ar）为 15×10^{-6} 以下，氮（N_2）为 20×10^{-6} 以下，四氟化碳（CF_4）为 40×10^{-6} 以下。

　　为了保持化学药液和气体的纯度，不仅要密切关注制造过程，还要关注储存容器本身以及从制造工厂到半导体工厂的运输过程。以我个人的经验，曾经在光刻胶中发现了异物，结果根本无法生产出合格的产品。与生产厂家一起查找原因，最后发现是因为容器内壁在运输过程中逐渐脱落，成为微粒物污染源从而导致事故发生。

检查项目	规格值
纯度	$\geqslant 99.99\%$
四氟化碳（CF_4）	$\leqslant 40 \times 10^{-6}$
氮（N_2）	$\leqslant 20 \times 10^{-6}$
氧气 + 氩气（O_2+Ar）	$\leqslant 15 \times 10^{-6}$
六氟化硫（SF_6）	$\leqslant 10 \times 10^{-6}$
二氧化碳（CO_2） 水（H_2O） 一氧化二氮（N_2O）	$\leqslant 5 \times 10^{-6}$

图 4-17　三氟化氮（NF_3）的检查项目和规格值

4.10　计算设备的使用率：设备有效使用率

IC 芯片生产中的设备有效使用率是表示安装在生产线上的设备运行效率的重要指标。通过这种指标，可以对产能利用率有一个初步的了解。然而，设备有效使用率的概念并不是那么清楚。在这里，我想解释一下设备有效使用率的具体含义以及它对生产有何影响。

▶ 与设备有效使用率有关的项目（见图 4-18）

一台设备直接运用在产品上的实际生产时间，例如一个月内的总生产时间，称为实际运行时间。此外，同一时期内可能的生产总时间称为生产可用时间或计划可用时间。这个"生产可用时间"是从同一时期的设备"理论拥有时间"中减去设备不能用于产品加工的"不可用时间"后得到的时间。以下的关系式成立。

生产可用时间 = 理论拥有时间 – 不可用时间

在这里，不可用时间由"故障"、"短停"[⊖]、"设置"、"维护检查"和"定期维修"来确定。即以下关系式成立。

不可用时间 =（故障 + 短停 + 设置 + 维护检查 + 定期维修）的总时间

在这里，"短停"不是故障，而是暂时的机械停止，或者是可以通过重置过程马上恢复的短暂停止，而"设置"是指加工实际产品所需的准备工作。换而言之，生产可用时间也表示了设备本身的质量和维护水平。

⊖　短停：制造业中的一个行业专用语。

(实际运行时间)　设备在一段时期，例如一个月内加工产品的总时间

(理论拥有时间)　同一时期的设备保有时间。例如，一个月有30天，则为30×24=720h。

(不可用时间)　设备在同一时期无法加工产品的总时间，包括以下五项：

故障：设备意外停机

短停：由于暂时的原因而短暂停止

设置：加工实际产品的准备工作

维护检查：为保持设备正常状态，逐一进行检查

定期维修：在规定时间内定期进行的维修

　以下公式成立

> 不可用时间=(故障+短停+设置+维护检查+定期维修)的总时间

(生产可用时间)　设备在同一时期内处理产品的总时间，也称为计划可用时间

　以下公式成立

> 生产可用时间=理论拥有时间-不可用时间

(等待时间)　设备在同一时期内等待产品加工的总时间

　以下公式成立

> 生产可用时间=实际运行时间+等待时间

综上所述，设备有效使用率由下式给出

> 设备有效使用率=实际运行时间/生产可用时间

图 4-18　设备有效使用率及定义

综上所述，设备有效使用率[⊖]由下式表示。

设备有效使用率 = 实际运行时间 / 生产可用时间

因此，从流水线上产品生产率的角度考虑有效使用率时，必须牢记以下内

⊖　设备有效使用率：有时也称为设备开工率。

容，即处理同一工艺的多个设备组合的平均有效使用率以及这些设备组合之间有效使用率的差异是限制生产线生产率的主要因素之一。

4.11　硅烷气体属于可自燃的危险物：因半导体产业的发展而被广泛应用

在半导体制造过程中使用了各种各样的特殊材料气体，它们活泼易反应，但十分危险。图 4-19 展示了特殊材料气体的主要类型及其用途。

硅烷类	甲硅烷（SiH_4）	通过加热分解，用于生长单晶硅和多晶硅
	二氯硅烷（SiH_2Cl_2）	用于氮化硅、硅化钨的化学气相沉积
	乙硅烷（Si_2H_6）	用于锗化硅的化学气相沉积
卤化物	三氟化氮（NF_3）	用于硅化物刻蚀、腔室清洗
	六氟化钨（WF_6）	用于钨、硅化钨的化学气相沉积
硼化物	乙硼烷（B_2H_6）	用于 P 型导电杂质源
	三氯化硼（BCL_3）	用于 P 型导电杂质源和铝的干法刻蚀
	三溴化硼（BBr_3）	用于 P 型导电杂质源
磷化物	磷化氢（PH_3）	用于 N 型导电杂质源
	三氯氧化磷（$POCl_3$）	用于 N 型导电杂质源
	三氯化磷（PCl_3）	用于 N 型导电杂质源
砷	砷化氢（AsH_2）	用于 N 型导电杂质源

图 4-19　特殊材料气体的主要类型及其用途

▶ **因甲硅烷导致工厂烧毁**

甲硅烷（SiH_4）是特殊材料气体中最具代表性的气体。甲硅烷是一种无色透明的气体，在室温下比重为 1.11，人体吸入后会严重地刺激呼吸系统。如图 4-20 所示，以甲硅烷为原料，在硅衬底上完成单晶硅的外延⊖生长和在绝缘膜上沉积多晶硅。

硅烷的特征之一是它的"自燃发火"⊖，当在没有点火源的情况下释放到大气中时，具有在室温下燃烧的特性。

一般来说，硅烷在空气中的浓度超过 1.35% 时会发生自燃，也称为自燃性气体。高浓度甲硅烷在大气中燃烧时，温度可达 900℃，生成黄褐色粉末。众所周

⊖　外延：这意味着生长层的晶体结晶方向必须与下层硅衬底的晶体结晶方向相匹配。外延生长包括气相外延、液相外延、分子束外延等。
⊖　自燃：点火现象的性质可大致分为自燃、可燃和不燃。

知的可燃气体氢气（H$_2$）和乙烯（C$_2$H$_2$）即使与空气混合也不会着火，除非附近有火源。由此可以想象硅烷的易燃性有多么强（当然不是每次都会自燃，具体取决于甲硅烷的浓度和释放到大气中的条件）。

众所周知，当以低浓度高速度释放时，由于"喷流灭火现象"即使在释放点没有点燃，扩散到房间等空间中的甲硅烷也会自燃并引起爆炸。此外，由于甲硅烷与用于半导体制造的一氧化二氮（N$_2$O）气体混合会增加爆炸的风险，因此更需要特别注意。

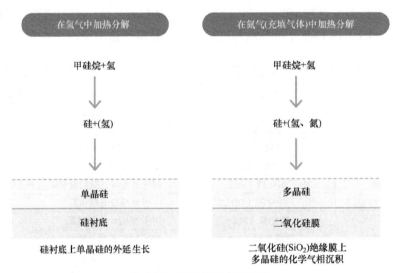

图 4-20　甲硅烷的主要用途

甲硅烷在半导体行业蓬勃发展之前几乎没有被使用过，起初关于甲硅烷性能的相关资料很少，对自燃的危险认识不足，导致由甲硅烷气体引起的火灾，如烧毁半导体工厂和大学实验室爆炸等事故屡次发生。此外，还有相当多的事故没有公开报道，包括一些被扑灭的小型火灾。

发生由甲硅烷引起的火灾时，仅仅浇水是不够的，无论如何，必须切断甲硅烷气瓶等泄漏源，否则无法完全扑灭。

4.12　半导体工厂也会发生氢气爆炸：核电站和半导体工厂的相似点

▶ 半导体与核反应堆氢气爆炸的关系

福岛核电站的氢气爆炸震惊了很多人。这种氢气是如何产生的？

锆（Zr）合金[⊖]用于覆盖核电站里核燃料棒的包壳管。锆是对引发连锁式核反应的热中子辐射吸收最少的金属。但是，在水冷型核反应堆中，如果发生类似福岛核电站因停电而失去冷却功能，当冷却水或者水蒸气与高温锆合金接触时，会通过下式所示的氧化还原反应生成大量的氢气（H_2）。

$$Zr+2H_2O \rightarrow ZrO_2+2H_2$$

产生的氢气与氧气混合时会引起爆炸。

顺便说一句，在最有代表性的半导体集成电路 MOS 芯片的制造过程中，使用一种称为合成气体的氢氮混合气体在 400~450℃ 的温度下进行热处理，称为最终的合金工艺。其原因是在 MOS 晶体管的硅衬底表面和栅极绝缘膜（二氧化硅）之间的界面处，硅的非共价键（悬键状态）由氢提供共价，稳定了界面的导电性能。

▶ **用氮气稀释危险的氢气**

对于最初的目的来说，仅由氢气实施的合金工艺就足够了。然而，纯氢气具有爆炸性和危险性，因此用氮气稀释它既可以防止爆炸，同时又可以保证由氢气提供共价，从而稳定界面的导电性能。

但是，如图 4-22 所示，早期的 MOS 晶体管使用铝作为栅电极，而不是图 4-21 所示的多晶硅。在铝栅 MOS 晶体管中，合金工艺是在氮气（填充气体）中进行的。因为合金工艺中产生了大量的氢气，氢气与悬键结合，自动发挥了稳定界面的作用。在 MOS 晶体管使用铝栅时，我们并没有意识到氢气发挥的稳定作用。后来使用硅栅之后，才发现了氢气的重要作用。

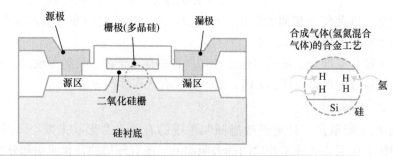

图 4-21　在合成气体的合金工艺中氢气与悬键结合

⊖　锆合金（Zircaloy）：这种锆（Zr）合金，含有 1.5% 的锡、铁、铬和根据具体情况可能追加的镍。

⊖　氢终止：有时使用氯气代替氢气来稳定 MOS 晶体管的二氧化硅栅膜和硅衬底之间的界面。

当听到福岛核电站氢气爆炸的消息时，不由自主地清晰地回忆起氢气在半导体制造过程中的使用状况。

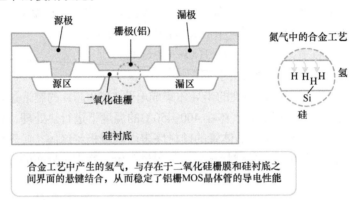

合金工艺中产生的氢气，与存在于二氧化硅栅膜和硅衬底之间界面的悬键结合，从而稳定了铝栅MOS晶体管的导电性能

图 4-22　氮气中的铝栅 MOS 晶体管的合金工艺

4.13　光刻技术是细微化加工的核心技术：电路图案的复制

IC 芯片是基于小型化技术的进步而发展起来的。核心技术是光刻技术，尤其是复制电路图案的曝光技术。

目前，以氟化氩（ArF）准分子激光器为光源的扫描仪是量产级别曝光技术的主力产品。通常，扫描仪的分辨率（R）、使用光源的波长（λ）、镜头的亮度（NA 数值孔径）和经验常数（k）由下式表示。

$$R=k\lambda/NA$$

因此，即使使用相同的氟化氩扫描仪，也可以通过减小 k 值来减小分辨率。这种技术被称为超分辨率技术。

由于氟化氩准分子激光也是一种光，自然存在干涉、衍射等现象。通过充分利用光线特有的现象来减小 k 值，是一种具有代表性的方法。

1. 改进照明法

图 4-23 所示是一种通过改进照明系统的有效光源形状来减小 k 值的技术。实际使用的照明方式除了普通的圆形照明外，还有环形的环状照明和分成四个小圆形照明的四极照明。

2. 相位移动法

普通掩模板[⊖]

图 4-24 所示，通过改进掩模（掩模板），将电路图案缩小投影到原来尺寸的

⊖　掩模（板）：在 IC 芯片电路图案复制时，一般称为掩模（mask）。使用步进器（或扫描仪）时候，也称为掩模板（reticle）。

1/4，从而减小 k 值。普通掩模板在石英基板（毛坯）上形成的铬（Cr）薄膜图案，其尺寸是实际尺寸的四倍。

圆形

圆形照明　　　环状照明　　　四极照明

即使电路图案间距很小，改进的照明也可以有效地集光

图 4-23　改进照明法

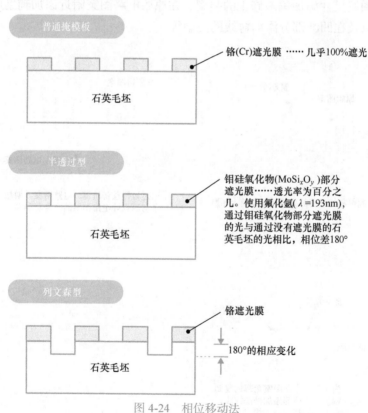

普通掩模板

铬(Cr)遮光膜 ⋯⋯ 几乎100%遮光

石英毛坯

半透过型

钼硅氧化物(MoSi$_x$O$_y$)部分遮光膜⋯⋯透光率为百分之几。使用氟化氩(λ=193nm)，通过钼硅氧化物部分遮光膜的光与通过没有遮光膜的石英毛坯的光相比，相位差180°

石英毛坯

列文森型

铬遮光膜

180°的相应变化

石英毛坯

图 4-24　相位移动法

半透过型

遮光部分具有百分之几的透过率，透过遮光部分的光的相位与透过石英部分

的光相差180°，从而可以缩小透过光的强度幅宽，只曝光遮光部分的光刻胶上部。半透过型主要用于接触型电路图案。

列文森型（Levenson）

每隔一个线路图案就有一个相位[⊖]移动器（shifter）。相位移动器通过在石英坯体上挖槽而成。通过使用列文森型相位移动法，分辨率可以提高到曝光光源的一半左右。

3. 光学邻近效应修正法

光学邻近效应修正法（Optical Proximity Correction，OPC）是一种通过提前校正掩模来提高复制的电路图案对设计的电路图案的完全复制性的方法。用于校正曝光期间由衍射和干涉引起的复制的电路图案的变形。

图 4-25 所示，光学邻近效应修正法也有各种细分方法。从广义上讲，有对部分电路图案尺寸施加偏差修正的类型、在原始电路图案附近添加辅助电路图案的类型，以及在凹凸部分添加衬线的类型等。

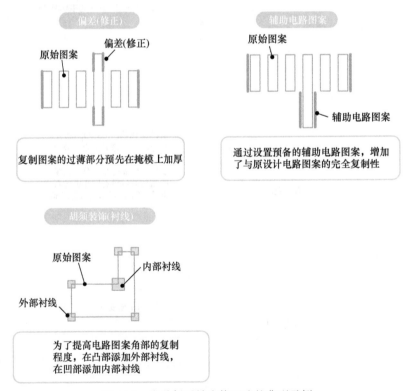

图 4-25　光学邻近效应修正法的典型示例

⊖　相位：类似波长、幅度和频率等，是波的要素之一。指一个周期内的信号波形变化的度量。

对于在实际 IC 芯片设计中应该用哪种光学邻近效应修正法有一般的光学指导方针，但对于每个产品和每个公司来说，还有很多专有技术方面的细节。光学邻近效应修正法的最大问题是图案越复杂，电子束[⊖]扫描设备（电子束曝光设备）的负担就越大，掩模的成本也越高。正因如此，用于制作先进 IC 芯片的一套掩模的价格很容易超过 1 亿日元（约 500 万元人民币）。

4. 多拼板法

步进器将缩小的掩模图案投射到晶圆上，并通过步进重复操作扫描和曝光晶圆的整个表面。此时，可正常复制图案的透镜面积越大，曝光范围越广，可同时曝光的 IC 芯片图案也越多，产能也就大幅提高了。

换句话说，2 面板是两倍，3 面板是三倍。这样的掩模被称为多拼板。

5. 保护膜法

保护膜[⊖]是一种用于掩模的防尘膜，可防止曝光过程中出现问题。如图 4-26 所示，在对掩模进行精密清洗后，贴上一层薄膜作为保护膜。在贴上这层保护膜之前和之后，需要检查掩模是否附有异物。

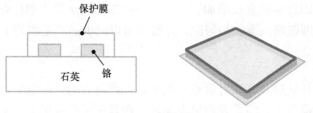

图 4-26　保护膜法

保护膜可防止异物黏附在掩模表面并在处理过程中防止刮伤掩模。此外，由于异物的焦距与需要复制的电路图案不同，即使保护膜上附有微小异物，也不会复制转移到晶圆上。

4.14　整批处理到单片处理：有利于细微化加工的单片处理

图 4-27 所示，半导体 IC 芯片制造的前道工序大致可以分为两种加工方式。

⊖　电子束：Electron Beam（EB），电子束曝光通常被称为电子束直描。
⊖　保护膜：pellicle，英文意思是薄皮、薄膜、表膜等。

一种称为整批处理，即同时处理多片晶圆。

另一种称为单片处理，即将晶圆一片一片地加工。对应设备也分别称为整批设备和单片设备。

图 4-27　晶圆整批处理和单片处理

▶ 单片处理的增加

总体来说，过去整批处理多，近年来单片处理增加。这是什么原因呢？

首先，为了使半导体器件小型化，采用的设计标准⊖越来越严格。因此，与整批处理的晶圆相比，单片处理的晶圆可以确保晶圆内的精细电路图案更稳定、更均匀。

另一个原因是晶圆直径增加。对于大口径的晶圆来说，单片处理更容易确保晶圆表面的精细电路图案的均匀性，并且还可以减少晶圆之间的个体差异。

▶ 单片处理的劣势

然而，单片处理并非没有缺点。例如，在产量方面，即设备单位时间内可以处理的晶圆数量方面，整批处理更占优势。而且在某些情况下，整批处理在"占地面积"⊖方面更为有利，即处理每片晶圆所需要的占地面积更小。

图 4-28 展示了具有代表性的制造设备整批处理和单片处理之间的区别。沉积设备的热氧化、化学气相沉积和溅射采用整批处理和单片处理的混合方式。光刻设备中几乎所有的涂抹光刻胶、曝光和显影工艺都是单片处理。

在刻蚀设备中，湿法刻蚀和干法刻蚀采用整批处理和单片处理的混合方式。对离子注入工艺而言，离子注入时使用单片处理，扩散时使用整批处理。抛光设备一般为单片处理。在清洗设备中，湿式清洗工艺中使用整批处理（又称为槽式清洗）和单片处理（又称为单片清洗）的混合方式，干式清洗工艺以单片处理为主。

⊖　设计标准：IC 芯片的电路图案设计中必须遵守的最小器件尺寸和相互位置关系的规则。
⊖　占地面积：foot-print，指占地形状、占据空间等含义。

制造设备	工艺	整批处理	单片处理
沉积设备	热氧化	○	○
	化学气相沉积	○	○
	溅射	○	○
光刻设备	涂胶		○
	曝光		○
	显影		○
刻蚀设备	湿法	○	○
	干法	○	○
离子注入设备	离子注入		○
	扩散	○	
化学机械抛光设备			○
清洗设备	湿式清洗	○	○
	干式清洗		○

图 4-28　代表性的制造设备的整批处理和单片处理

4.15　加热处理采用快速热处理：追求短时间的热处理

▶ 从熔炉到快速热处理方式

图 4-29 所示，在半导体 IC 芯片制造的前道工序中，有几个工艺需要加热处理晶圆。这种热处理方式正在向快速热处理方式转换。

在离子注入后的激活过程中，注入单晶硅中的导电杂质（磷、砷、硼等）被激活的同时，变形的硅晶体也恢复到正常状态。为此，硅晶格受到热扰动，在晶格点处硅原子被导电杂质置换⊖。

在杂质扩散过程中，晶圆处在高温状态下的导电杂质气体中，利用热扩散现象将杂质渗入到硅元素中。

在杂质扩散过程中，通过离子注入或热扩散添加了导电杂质的硅在惰性气体

———————

⊖　取代型杂质：添加到硅中的一种导电杂质，在晶格点处取代硅原子，具有激活并促进导电的作用。

⊖　晶格间杂质：添加到硅中的一种导电杂质，存在于硅原子的晶格之间，导电上具有不活跃的性能。

（氮气或者氩气）中被加热到高温，从而将杂质渗透至更深的位置，并重新分布杂质，改变其结构。

回流指加热具有相对较低熔点的氧化硅薄膜玻璃，该玻璃含有磷元素或硼元素，或者两者兼有。熔化玻璃并使其流动，玻璃表面会变得平整光滑。

合金或烧结指对硅和铝（等金属布线）的接触区域施加热量来保持欧姆接触特性。

工艺名称	流程	处理工艺的详情和目的
激活	离子注入后	为了激活注入硅中的导电杂质的导电性，采用热能振荡晶格以替换晶格点处的一些硅原子
杂质扩散	杂质添加后	通过离子注入或扩散工艺将添加到硅中的导电杂质在惰性气体（氮气或者氩气）中进行高温处理，使杂质渗透，并重新分布杂质，改变其结构
回流	低熔点氧化硅薄膜玻璃生长后	利用添加了磷、硼元素或两者兼有的氧化硅薄膜玻璃（磷硅酸盐玻璃、硼硅玻璃、硼磷硅玻璃）的低熔点，通过加热使玻璃熔化并流动，玻璃表面会变得平整光滑
合金	金属布线后	通过对硅和金属布线的接触区域进行加热来保持欧姆接触特性

图 4-29　典型的热处理工艺

传统工艺上熔炉已用于这些类型的热处理。然而，在高温（几百到 1000℃）下直接将晶圆放入和取出熔炉会产生热应力，从而使晶圆变形并引起晶体缺陷。因此，必须在几分钟到几十分钟内缓慢完成此工艺。

然而，随着半导体元器件的小型化进程，需要在短时间内进行热处理，因此代替熔炉，一种称为快速热处理（Rapid Thermal Processing，RTP）的方法应运而生，它又被称为急速热处理方式。如图 4-30 所示，它使用大量的灯，用红外线一次性照射晶圆，或扫描激光束以快速加热晶圆。

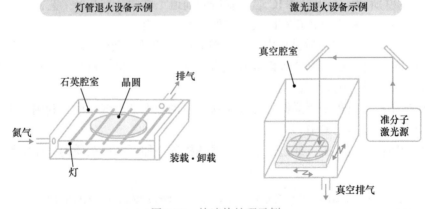

图 4-30　快速热处理示例

快速热处理可在数秒内实现数百至 1000℃以上的高温处理，从而可以形成超薄 PN 结和超薄二氧化硅膜。

行业知识：超纯水、光刻胶、掩模的主要制造商

让我们来看看作为 IC 芯片制造的关键材料——超纯水、光刻胶和掩模的制造商。

1. 超纯水制造商

超纯水有各种用途，例如用于药液清洗后的晶圆冲洗、稀释化学药液和制造设备的冷却水等。超纯水生产设备的主要制造商包括栗田工业、Organo 和野村微科学等日本公司。这些制造商提供从工业用水、地下水和河水等原水开始到生产出超纯水的全部系统。

2. 光刻胶制造商

将掩模（掩模板）上的图案转移到晶圆上的感光树脂（光刻胶）的主要制造商如下：

日本的东京应化工业公司、信越化学工业公司、住友化学公司、富士胶片公司等。还有美国的陶氏化学公司、韩国的锦湖石油化学公司等。

根据曝光光源的不同，光刻胶也有不同的类型，例如有液浸氟化氩、氟化氩、氟化氪、i 线或者 g 线等。

光刻工艺中的曝光光源的特性如下：

液浸氟化氩（在超纯水中的波长为 134nm）

氟化氩（波长为 193nm）

氟化氪（波长为 248nm）

i 线（波长为 365nm）

g 线（波长为 436nm）

3. 掩模（掩模板）制造商

使用步进器（扫描仪）复制掩模电路图案的光掩模（掩模板）的主要制造商包括日本的凸版印刷、DNP 和 HOYA 等公司，它们的市场占有率约占全球市场的 60%。其他公司包括 Photronics 公司、杜邦公司、光罩公司等。对半导体芯片制造商来说，一部分由内部生产，尤其是英特尔公司、台积电公司和三星公司则全部自产。

在检验中如何发现问题以及如何出货

5.1 如何发现次品：检验工艺的原则是全数检查

在 IC 芯片制造中，检验工艺贯穿于各个工艺阶段。让我们来看看封装状态下的产品检验工艺。

经过后道工序的封装，产品在高温高压条件下运行，在尽可能短的时间内诱发初始故障并排除，以保证可靠性。这种测试方法称为老化测试或偏置温度测试（Bias Temperature Test）。

▶ 动态和静态测试

图 5-1 所示，老化测试系统使用附带高温室的老化测试设备、安装了检验封装产品的老化测试电路板和用于搬运封装产品的插拔机。

老化测试设备具有测试仪功能，通过放置数十块老化测试电路板以及温度可控的高温室来驱动和监控数千个 IC 芯片产品。老化测试电路板有许多专用插座，通过一台称为插拔机的自动搬运机器人来插入 / 移除封装 IC 芯片产品。

在逻辑芯片中，一般采用静态老化测试，即在高温下仅仅施加恒定的直流电压，不检测电路实际工作状态。

另一方面，在存储器芯片中，执行动态老化测试，即在高温下除了恒定的直流电压外，还施加交流电压检测电路工作状态。除了动态老化测试外，还采用监控老化测试（Monitor Burn-In Test，MBT）方法，通过向输入端施加时钟信号，在接通内部电路的同时监测和确定输出端的状态。

此外，还采用试验老化 (Test Burn-In，TBI) 测试方法。即进一步加强监控功能，在施加电压的同时在高温和低温下存放一段时间，然后进行简单的特性测试，重复数次以减轻测试仪的负荷。

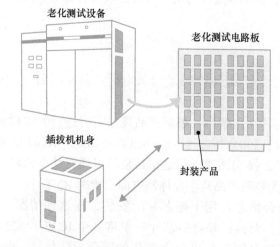

老化测试设备

老化测试电路板

插拔机机身

封装产品

(在老化测试电路板上插入和移除封装芯片的设备)

图 5-1　老化测试系统示例

图 5-2 展示了一种具有代表性的内存产品，动态随机存储器（DRAM）的封装检验工艺示例。在此示例中，同时采用了监控老化测试和试验老化测试的方法，然后在高温和低温下分拣，根据产品规格实施进货检验。

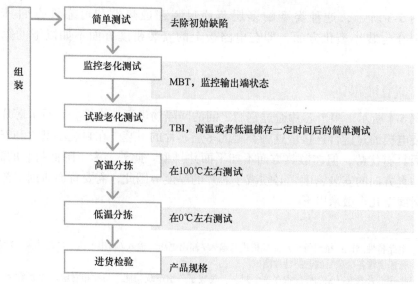

组装	简单测试	去除初始缺陷
	监控老化测试	MBT，监控输出端状态
	试验老化测试	TBI，高温或者低温储存一定时间后的简单测试
	高温分拣	在100℃左右测试
	低温分拣	在0℃左右测试
	进货检验	产品规格

图 5-2　动态随机存储器（DRAM）的封装检验工艺示例

　　所有进货检验都是全数检查，而出货检验采取抽样检查。在库存产品出厂前的出货检验中，除了划痕、污垢、引线形状和打标等外观检查外，还进行电路特性测试[⊖]。

5.2　封装前出货的芯片（KGD）：多层芯片封装（MCP）必需的裸片

　　通常 IC 芯片在封装后，根据产品规格需要进行各种检验，确定无缺陷后才出货。这里说的已知合格芯片（Known Good Die，KGD），顾名思义就是质量合格的"裸芯片"。换句话说，它是在封装前以裸露状态消除电路特性和可靠性的缺陷后，作为无缺陷产品从半导体制造商出货的 IC 芯片。

　　供应已知合格芯片用于裸芯片的安装，在这种情况下，裸芯片被直接插装在电路板上。而且已知合格芯片对于将多个 IC 芯片安装在单个封装中也是必不可少的。这是因为如果每个芯片的质量无法保证，那么只要有一个芯片在封装后出现缺陷，其他芯片就会被全部淘汰，从而导致合格率下降，成本增加。

　　这种安装多个芯片的封装或安装方法称为多层芯片封装（Multi Chip Package，MCP）[⊖]。多层芯片封装的一个典型示例如下所示。

1. 平面并排型

　　图 5-3 所示，这种类型的多层芯片封装在散热性和可靠性方面具有优势，但在封装小型化方面，即在电路板上的安装密度方面不如以下的垂直堆叠型。

2. 垂直堆叠型

　　图 5-4 所示，多个芯片通过它们之间的间隔物进行三维堆叠，每个芯片电极和封装电极通过键合连接。这种类型的多层芯片的封装，在封装小型化和安装密度方面具有优势，但在散热方面不如平面并排型。此外，为了降低封装的高度，增加垂直方向的安装密度，必须减小芯片的厚度。因此，需要背面研削工艺中将厚度减薄至几十微米以下。

⊖　电路特性测试：按照每个产品规格进行输入 / 输出电压、输入 / 输出电流、电路功能、功耗和运行速度等各种项目的电路特性测试。

⊖　多层芯片封装（MCP）：指在单个封装上集成了一组系统功能。与此相对应，片上系统（SoC）指在单个芯片上集成了一组系统功能。

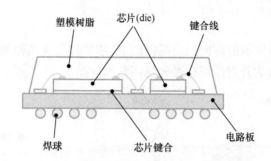

在某些情况下，有三个或更多芯片(die)
并排平放。例如，双核或三核的处理器

图 5-3　平面并排型的多层芯片封装示例

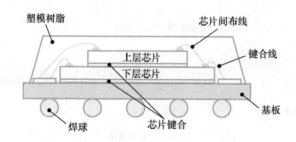

有三个或更多芯片的垂直堆叠。还有微处理器和内存、静态随机
存储器和闪存等堆叠形式⊖

图 5-4　垂直堆叠型的多层芯片封装示例

3. 平面并排 / 垂直堆叠的混合型

一种将平面并排和垂直堆叠芯片混合在一个封装中的多层芯片封装。

已知合格芯片需要在芯片状态下测量电路特性并进行老化测试，以消除可靠
性方面的初始故障。为此需要使用特殊的载体和插座。

———————————

⊖　微处理器（MPU）、静态随机存储器（SRAM）：微处理器是计算机的心脏，它在单个半导体
　　芯片上发挥中央处理器（CPU）的功能。静态随机存储器（SRAM）是一种比动态随机存储器
　　（DRAM）更昂贵的内存，但它用于高速缓存，因为它不需要定期刷新并且可以高速运行。

5.3　IC 芯片的样品：从开发到量产的样品种类

图 5-5 所示，半导体制造商向用户提供的 IC 芯片样品有几种类型。如图 5-6 所示，这些样品大致分为开发阶段样品和量产阶段样品。

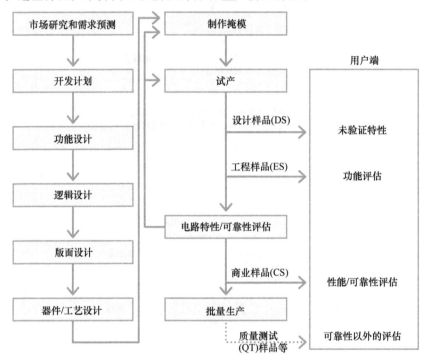

图 5-5　从设计到商业产品的开发流程

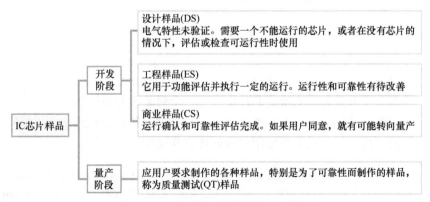

图 5-6　IC 芯片样品的种类及主要作用

1. 开发阶段样品

从 IC 芯片设计到试产，再到量产的开发阶段的样品分为以下三种。

（1）设计样品（Design Sample，DS） 这是尚未验证 IC 芯片电路特性的样品，又称为首次样品。当需要安装一个不能运行的芯片时，或者在没有芯片的情况下，需要评估或检查可运行性时，采用的这种样品也被称为机械样品（Mechanical Sample，MS）。

（2）工程样品（Engineering Sample，ES） 用于评估样品的功能，虽然已确认在一定程度上可以运行，但它可能有电路特性和可靠性方面的缺陷⊖。

例如，设备制造商使用中央处理器（CPU）的工程样品来设计新的 CPU 的电路。也就是说，我们根据新的 CPU 的工程样品设计个人计算机的主板⊖，并将其制成产品。届时，将在工程样品中引入下一代 CPU 的架构，因此用户可以将工程样品作为先进的试用品来参考。

在这个现阶段 CPU 可能还有设计缺陷，设备制造商发现后上报给半导体制造商，促进 CPU 改进升级。同时，半导体制造商会不断地向设备制造商分发新版本。工程样品有付费和免费两种。

（3）商业样品（Commercial Sample，CS） 已完成运行确认和可靠性评估的样品，可转为量产。当然，此阶段是付费样品。

2. 量产阶段样品

即使产品量产后，半导体制造商也会根据用户要求提供各种样品。尤其是提供用户需要进行可靠性测试的样品，称为质量测试（Quality Test，QT）样品。

5.4 可靠性测试和筛选：通过加速实验估计寿命

IC 芯片出货前需要进行各种可靠性测试和筛选分类。

可靠性被定义为"一个器件或系统在预定时间内，在一定的使用条件下正确完成其功能的特性"。衡量 IC 芯片可靠性的一个定量指标是故障率（λ）。故障率是指从一开始到某一时间点一直正常运行的集成电路在随后的使用时间内发生故障的比率，使用 FIT 表示在单位时间内发生故障的概率，关系如下：

$$1\text{FIT}=1 \times 10^{-9}/\text{小时}$$

⊖　缺陷：bug，最初的意思是昆虫，用于表示计算机程序中的错误或缺陷。
⊖　主板：一种电路板，是配备有中央处理器（CPU）和内存等主要 IC 芯片的个人计算机的心脏部分。

即 1FIT 意味着每十亿小时会发生一次故障。

▶ 运行时间与故障曲线的关系

图 5-7 所示，IC 芯片的故障由故障曲线（"浴缸"曲线）表示，该曲线以故障率 λ 和运行时间为坐标。

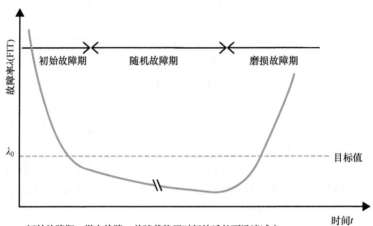

初始故障期：潜在故障，并随着使用时间的延长而迅速减少

随机故障期：高质量IC芯片稳定运行的时期，不包括初始故障期。
在此期间的随机故障随着运行时间逐渐减少

磨损故障期：长期运行导致磨损和疲劳引起的失效，随着时间的推移迅速增加

图 5-7　故障率曲线（"浴缸"曲线）

IC 芯片的一般目标值为 300FIT，正常故障率在 100FIT 左右，车载芯片的要求甚至更高。

在图 5-7 中，运行时间较短的"初始故障期"，是指制造过程中的潜在缺陷，也可以说是由使用过程中的应力而产生的劣化，并且随着时间的推移迅速下降。运行时间较长的"磨损故障期"是由磨损和疲劳引起的，随着时间的推移故障率急剧上升。中间运行区域的"随机故障期"是指在排除潜在缺陷后，IC 芯片稳定运行时随机发生的故障，并随着时间的推移逐渐减少。随机故障除了残余的一部分初始故障外，还包括由浪涌⊖和软件错误⊖导致的故障。

如果要确保 100FIT 的故障率，意味着当有 1000 个芯片时，在 10000 小时

⊖ 浪涌：指电流或电压的瞬间大幅增加，或者指这种电流（浪涌电流）或电压（浪涌电压）本身。除了雷击之外，也可能是由带电的电容器短路等引起的。

⊖ 软件错误：当阿尔法射线或中子射线进入动态随机存储器时，存储的数据遭到非破坏性丢失的现象。

（1.1 年）内有一个芯片会发生故障。如果有 10000 个芯片时，在 1000 小时（1.4 个月）内有一个芯片会发生故障。不过采用这种方式需要大量的测试，会花费大量的时间与成本。

因此，如图 5-8 所示，有必要在电压、电流、温度和湿度等条件比正常工作条件更严格的加速条件下，通过加速测试来评估 IC 芯片的寿命。

从加速测试的结果推测实际使用条件下的可靠性，需要可靠性理论、统计方法及大量数据。

测试类型	典型条件
高温极限测试	温度：125℃、150℃
高温存储测试	温度：150℃、175℃
高温高湿极限测试	温度：85℃，湿度：85%
压力测试	温度：125℃，湿度：100%，压力：2.3 个大气压
热环境测试	焊锡耐热性、温度循环、冲击发热
机械环境测试	振动、冲击、恒定加速度

图 5-8　可靠性测试的主要类型和典型条件

5.5　同样规格但运行速度不同：检验工艺分类出优质的大规模集成电路（LSI）

作为计算机心脏的中央处理单元（Central Processing Unit，CPU），以及执行显示 3D 图形所需计算的图形处理单元（Graphics Processing Unit，GPU），其芯片通常根据运行速度进行分级。运行速度越高，性能越高，价格越高。

速度分类的产品是通过在检验工艺中按运行速度对同一设计（相同掩模）和同一工艺制造的 IC 芯片进行分类的。

图 5-9 所示，一般来说，CPU 或 CPU 的大规模集成电路（LSI）由许多通过布线连接的金属氧化物半导体（MOS）晶体管组成。运行速度由这些器件综合而定。电流（I）-电压（V）特性决定了 MOS 晶体管的运行速度，可由下式表示（见图 5-10）：

$$I_D = (W/L)\,\mu C_0 \left[(V_G - V_{TH}) V_D - (V_D)^2/2 \right]$$

式中　W——通道宽度；

L——通道长度；

μ——电子或空穴迁移率（稳定状态下速度 v（m/s）和电场 E（V/m）之间的比例常数，单位为 $m^2/$（Vs））；

C_0——单位面积的栅极电容（亦等于介电常数 / 二氧化硅薄膜厚度，单位为库仑 /（Vm^2））；

I_D——漏极电流；

V_D——漏极电压；

V_G——栅极电压；

V_{TH}——阈值电压[二]。

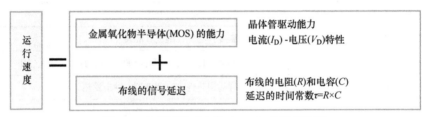

图 5-9 大规模集成电路（LSI）的运行速度

▶ 由于个体差异导致的运行速度差异

从上面公式可以看出，即使使用相同的掩模来制造相同的产品，由于通道宽度 W、通道长度 L、栅极绝缘膜的厚度影响的单位面积的栅极电容 C_0 值，会在制造规格范围内存在个体差异，从而导致电流（I）- 电压（V）特性也存在个体差异[二]。

在规格范围内，布线的宽度、尺寸或厚度也存在个体差异，从而导致布线延迟也存在个体差异。这两种效应的结合导致了 CPU 和 GPU 产品运行速度的差异。然而，由于这是一个涉及众多的 MOS 晶体管和连接线路的问题，可以说，具体哪个参数组合会导致运行速度的明显差异，实在难以提前判断，不能精确预测，只能现场判断，因此还是留待分拣工艺来处理吧。

有等级选择的产品需要根据速度的不同分类打标，而且与普通的 IC 芯片不同之处在于，必须在分拣工艺后打标。

㊀ 阈值电压（V_{TH}）：在 MOS 晶体管中，当栅极电压的绝对值增加，并且电流刚好开始在源极和漏极之间流动时的栅极电压值。

㊁ 个体差异：在先进的超大规模集成电路中，个体尺寸差异通常保持在 ±5% 以内。

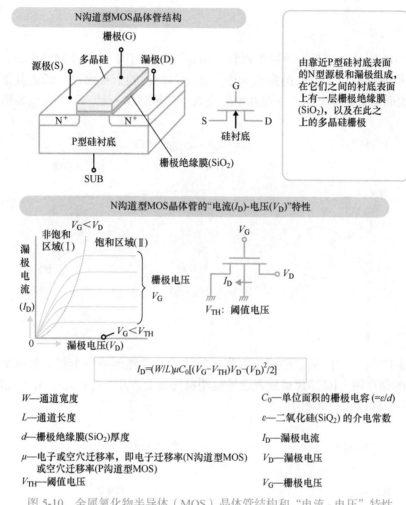

图 5-10　金属氧化物半导体（MOS）晶体管结构和"电流 - 电压"特性

5.6　IC 芯片出货、包装的注意点：客户出货时的三种包装箱

向客户发货时，IC 芯片的包装需要采取各种保护措施。特别是要具有防止受到外部冲击和振动的措施，防止静电破坏的防静电措施，以及防止水分渗透而腐蚀的防潮措施。

IC 芯片的包装方法取决于 IC 芯片封装的类型，所以这里介绍 3 种储存方法。

1. 弹夹型

图 5-11 所示，这是一种用于封装两侧有引脚突出的 IC 芯片的储存箱，许多 IC 芯片被储存在一个狭长的弹夹盒中。盒中和两边的卡片由氯乙烯或其他材料制成，表面涂有抗静电剂。一般几个弹夹盒子被捆绑在一起，存放在包装箱中。

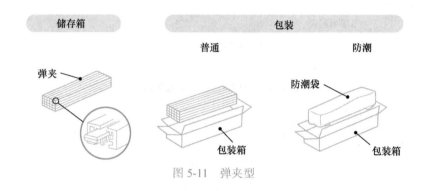

图 5-11　弹夹型

2. 托盘型

图 5-12 所示，这是一种用于引脚从封装的四个侧面或整个封装底部突出的 IC 芯片的储存箱，IC 芯片被放置在导电塑料托盘上。几个托盘之间用导电海绵⊖绑在一起，储存在包装箱中。

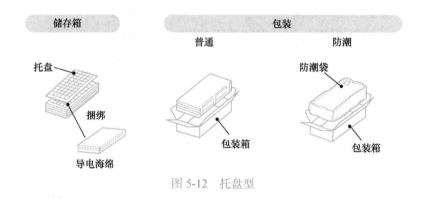

图 5-12　托盘型

3. 压花带型

图 5-13 所示，特别适用于小而薄的 IC 芯片。IC 芯片被贴在缠绕在卷轴

⊖　导电海绵：由聚氨酯或硅胶制成，有各种类型。

上的压花[⊖]导电胶带上，并在胶带的顶部贴上覆盖胶带。卷轴被储存在包装箱中。

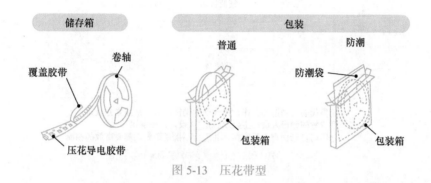

图 5-13　压花带型

以上 3 种方法，对于吸湿性特别敏感的芯片，均要使用防潮袋包裹储存箱，再储存在包装箱中。然后将装有 IC 芯片的包装箱，装入用纸板箱制成的外装箱，必要时再加上填充物，装运出货。外装箱上标有"注意静电""小心易碎""注意防水"等标语。此外，如果预计产品将在特别恶劣的环境中运送时，则需要使用真空包装或密闭容器。

5.7　半导体的销售与直销：半导体经销商即销售代理

半导体制造商生产的 IC 芯片是通过什么途径传递给用户的？

1. 美国的三种销售途径

在美国和其他地区一般有三种类型的销售渠道（见图 5-14）。

1）直销，字面上理解就是从制造商到用户的直接销售。

2）通过销售代表进行销售。

3）通过被称为分销商的企业进行销售。

销售代表（sales Representative，Rep）与制造商合作，代表他们销售产品，是独立并且自负盈亏的销售人员。而分销商（Distributor）自己拥有大量库存，进行小批量销售。

　⊖　压花：表面不平整的片状物体或相关结构。

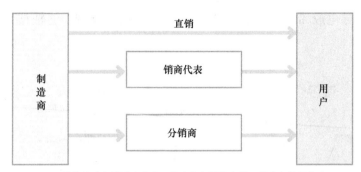

销售代表与制造商合作，代表他们销售产品，是独立并且自
负盈亏的销售人员，主要职能是"从设计开始营销"。
分销商自己拥有大量库存，并进行小批量销售，需要高效的物流

图 5-14　美国和其他地区的半导体销售渠道

2. 日本半导体经销商的地位

相比之下，日本的半导体销售由两个销售渠道主导（见图 5-15）：直接销售和作为半导体经销商的代理店销售。换句话说，在日本的半导体销售中，半导体经销商兼顾了美国的销售代表和分销商的功能。

销售代表的主要职能是在设计阶段向客户销售，也就是所谓的"从设计开始营销"，而分销商则通过拥有大量库存及高效物流系统销售半导体。

因此，日本的半导体经销商需要同时开展这两项商业活动，为了加强其作为销售代表的功能，一边是必须提高技术推广能力。而在作为分销商的功能方面，一边又必须和拥有全球网络的巨型分销商竞争。

日本的半导体经销商兼顾了美国的销售代表和分销商的角色。
一般来说，他们只为特定制造商的产品做代理

图 5-15　日本的半导体销售渠道

半导体技术的进步要求半导体经销商在系统层面上拥有先进的专业知识，进行"从设计开始营销"的活动，而培训和确保销售人才具有先进专业知识是一个

重要问题。此外，经营日本国内制造商产品的半导体经销商一般是仅限于某家特定制造商的产品，而且往往就是该制造商的子公司或附属公司。

因此，半导体经销商的优势是有制造商的全力支持，但是劣势是必须与制造商同舟共济。

5.8   对投诉的处理促进芯片的改善：通过回顾制造过程进行调查

IC 芯片制造商根据自己的质量保证体系进行检验后向用户提供产品。然而，在用户的使用过程中，也不可避免地会出现产品缺陷。在这种情况下会采取什么行动和措施呢？

1. 投诉由质量检验部门进行调查

一般来说，图 5-16 所示，当用户出现产品缺陷时，投诉会被送到 IC 芯片制造商的销售部门。销售部门检查细节并将信息传递给质量检验部门，该部门接受投诉。

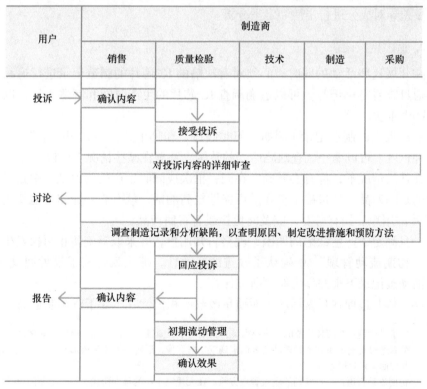

图 5-16   处理投诉的质量保证体系

　　质量检验部门在必要时与销售、技术、制造、采购和其他部门合作，审查投诉的细节。如果有必要，将访问客户与其负责人直接会面，以确定缺陷是由 IC 芯片设计本身还是由用户的保管或使用造成的。

　　如果发现或怀疑缺陷是由 IC 芯片本身引起的，则由质量检验部门牵头，与相关部门合作，查明原因、制定改进措施和预防方法。

2. 利用电子显微镜⊖等进行原因分析

　　对 IC 芯片故障模式的分析必须迅速进行，以确定有缺陷的部件和故障原因。

　　各种测量仪器，包括测试器，被用来分析电子故障。如图 5-17 所示，这些分析设备和仪器包括扫描电子显微镜（Scanning Electron Microscopy，SEM）、透射电子显微镜（Transmission Electron Microscopy，TEM）、精细离子束聚焦设备（Focused Ion Beam，FIB）等。

　　透射电子显微镜（TEM）可以用来查看材料的内部形态和晶体结构组成，而二次离子质谱仪（Secondary Ion Mass Spectrometry，SIMS）可以根据检测到的质量差异对成分进行定性和定量分析。

3. 追踪生产记录

　　在开展这些活动的同时，必须对有缺陷的 IC 芯片的制造记录进行追踪。为此，通过查看打标记号，可以追溯调查 IC 芯片的生产时间和制造工厂，以及它属于哪个批次。

　　通过批次的制造记录（例如，何时制造，在哪个工艺中，用哪个设备制造）在某种程度上可以缩小调查缺陷原因的范围，甚至在某些情况下可以估测。

　　在任何情况下，都有必要确定在同一批次或同时生产的其他批次中是否存在类似的缺陷产品。如果确定存在的可能性较高的话，就有必要通知其他使用相同 IC 芯片的用户。如有必要，应及时更换或者召回产品。

　　一旦确定了产生缺陷的原因，就会告知用户，并采取措施防止再次发生。如果在"初期流动管理"⊜中确认了改进的有效性，那么就完成了投诉回复活动。这些活动被记录下来并作为案例研究保存。

　　半导体制造商在日常活动中对质量改善的积极性并不亚于汽车制造商。

－－－－－－－－－－－－－－

　⊖　电子显微镜：有两种主要的电子显微镜：扫描电子显微镜（SEM）和透射电子显微镜（TEM），前者通过将电子束施加到样品的表面来观察反射图像，后者将电子束施加到经过减薄处理的样品背面，来观察透射图像。

　⊜　初期流动管理：一种特别的质量管理方法。在大规模生产的早期阶段，当一个新的设计被采用或工艺改变时，以比平常更高的检测灵敏度进行质量检测，以防止产生缺陷。

透射电子显微镜(TEM)

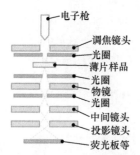

电子枪
调焦镜头
光圈
薄片样品
光圈
物镜
光圈
中间镜头
投影镜头
荧光板等

将减薄后的样品用电子束照射，在放大镜下用透射电子和散射电子进行观察。可以确定样品的内部形态、晶体结构和成分

精细离子束聚焦设备(FIB)

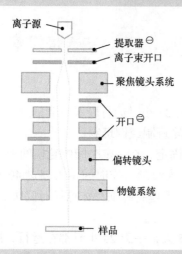

离子源
提取器 ⊖
离子束开口
聚焦镜头系统
开口 ⊖
偏转镜头
物镜系统
样品

用直径为几纳米到几百纳米的镓(Ga)或其他离子的聚焦离子束对样品进行照射和扫描。样品表面被刮除部分或一部分表面沉积钨(W)等其他材料

二次离子质谱仪(SIMS)

原生离子
质量分析
二次离子
样品

检测样品表面被离子照射时发生溅射的二次离子。根据检测到的质量差异，对成分进行定性和定量分析

图 5-17   用于解析和分析的设备

⊖   提取器：可以提取电子的设备。

⊖   开口：意为孔径。

必须知道的工厂禁令和规则

6.1 半导体制造厂的倒班轮休制度：1 年 365 天每天 24 小时连续生产

在 IC 芯片生产线上，无尘室必须每天 24 小时运行以保持清洁度。针对这一点，操作员以一种特殊的形式工作，称为轮班制或倒班制。

顾名思义，轮班制是一种工作时间不固定，在一定时间内轮换的工作形式。

根据日本《劳动基准法》的规定"工人每周工作时间不得超过 40 小时，原则上每天工作时间不得超过 8 小时"，以及考虑到睡眠和休息等对健康的重要性，因此实施了几种轮班工作制⊖。

原则上半导体 IC 芯片制造厂一年 365 天，一天 24 小时都在运行，所以一般采用以下两种工作制之一。

1. 四班三倒制

操作人员被分为四班（A、B、C 和 D），工作时间被分为三段：第一时间段从早上 6 点到下午 2 点，第二时间段从下午 2 点到晚上 10 点，第三时间段从晚上 10 点到早上 6 点。每班的操作人员工作三天，轮休一天。

图 6-1 展示了一个四班三倒制的工作模式，例如，A 班的操作人员从周一到周三工作在第一时间段，周四休息，周五到周日工作在第三时间段，下周周一休息，然后周二到周四工作在第二时间段。依次循环往复。

⊖ 轮班工作制：在交接班时，前后班组之间必须有一个时间重叠期，用来通知和传达移交事项及沟通事项等。

时间段	周一	周二	周三	周四	周五	周六	周日	周一	周二	周三	周四	周五
第一时间段 （6:00-14:00）	A	A	A	B	B	B	C	C	C	D	D	D
第二时间段 （14:00-22:00）	B	B	C	C	C	D	D	D	A	A	A	B
第三时间段 （22:00-6:00）	C	D	D	D	A	A	A	B	B	B	C	C
休息日	D	C	B	A	D	C	B	A	D	C	B	A

操作人员被分为四班（A、B、C、D）
工作时间为每天 8 小时，时间段分为"第一时间段""第二时间段"和"第三时间段"。
依次重复三天工作和一天轮休的工作模式

图 6-1 四班三倒制的工作模式

在这种配置下，每个工作日有 1 小时的休息时间，每周在班时间是 42 小时，实际工作时间为 36 小时。（根据在 12 天周期内工作 9 天的班次，一个周期内的在班时间为 72 小时（8 小时 ×9 天），每周的在班时间为 42 小时（72 小时 ÷12 天 ×7 天）。——译者注）

2. 四班两倒制

图 6-2 所示为四个班的操作人员采用四天工作和四天休息的工作模式。第一时间段从早上 7 点到晚上 7 点，第二时间段从晚上 7 点到第二天早上 7 点，依次循环往复。与四班三倒制相比，因为工作模式的变化较少，比较容易排班。但每天的工作时间较长，体力劳动强度较大。

时间段	周一	周二	周三	周四	周五	周六	周日	周一	周二	周三	周四	周五
第一时间段 （7:00-19:00）	A	A	A	A	C	C	C	C	B	B	B	B
第二时间段 （19:00-7:00）	B	B	B	B	D	D	D	D	A	A	A	A
休息日	C、D	C、D	C、D	C、D	A、B	A、B	A、B	A、B	C、D	C、D	C、D	C、D

操作人员被分为四班（A、B、C、D）
工作时间为每天 12 小时，时间段分为"第一时间段"和"第二时间段"。
依次重复四天工作和四天轮休的工作模式

图 6-2 四班两倒制的工作模式

　　我曾经工作过的工厂采用四班三倒制。据操作人员反映，优点是可以在平时工作日放松一下去打高尔夫球，但缺点是不能保证每周在周末轮休，无法与家人共同休息。

6.2　机器人和线轨搬运：减少人为错误，提高效率

　　由计算机控制的工厂自动化技术在 IC 芯片的生产线上发挥着巨大的作用。特别是在晶圆上构建大量 IC 芯片的前道工序中，通过网络与计算机连接的制造设备、测量仪器、自动搬运设备和机器人发挥着重要的作用。

　　主要目的是为了节省人力。如果制造 IC 芯片所需的复杂而烦琐的工作必须要由人类来完成的话，那么无论控制和监测系统设计得多么好，概率上必然会出现一定比例的人为错误。此外，由于大量的时间被占用，提高工作效率变得很困难。而且，即使操作人员穿着无尘服，也不可避免地会成为产生微量灰尘和杂质的污染源。

▶ **按照最佳解决方案实施**

　　在混合型生产线上，许多不同类型的 IC 芯片是在同一条生产线上生产的。因此需要更快、更灵活的管理方式来处理哪些 IC 芯片是按什么比例生产，以及确定和改变芯片的类型和批次的优先生产顺序。

　　还需要考虑生产线的各种状态（包括运行状态），寻求最佳解决方案。这是因为必须追求生产量最大化、生产时间最短化、成本最低化及生产安全化。

　　因此在所有产品的所有工艺中，生产设备都要按照计算机的指令运行。测量的数据被发送到计算机加以记录和保存。晶圆从仓库被搬运到生产线、制品晶圆（分批）在无尘室中从一道工艺被搬运到下一道工艺（工艺间搬运）、晶圆在同一工艺内的送料和卸料（工艺内搬运）、成品晶圆被搬运到下一道晶圆检验工艺。这些操作大部分是由自动搬运设备和机器人完成的。

　　图 6-3 所示为一个在隔间式无尘室中搬运的例子。由于工艺之间的距离很长，在确保高速搬运的同时，必须减少灰尘、振动和噪声。因此，通常使用带有直线电动机的屋顶搬运系统（参考图 1-6）。此外，对于工艺间搬运的地面搬运系统，使用有轨自动导引搬运车（Automatic Guided Vehicle，AGV）和无轨道铰接式机器人进行搬运，见图 6-4。

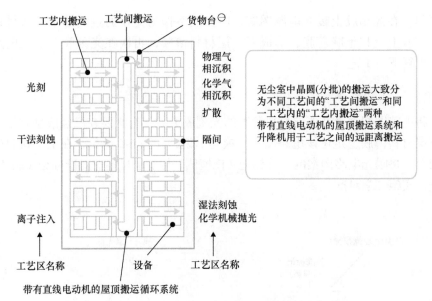

图 6-3　隔间式无尘室搬运系统示例

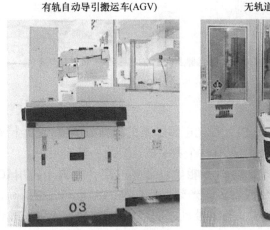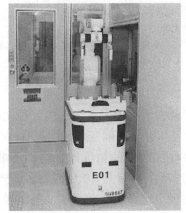

图 6-4　用于工艺间搬运的系统

6.3　设备编号分组管理：精密机械存在个体差异

IC 芯片通过将各种材料薄膜分层制造，这就涉及多次重复的工艺：形成材

㊀　货物台：临时存放物品的设备，用于临时存放下一道工艺的晶圆。

料薄膜，在光刻胶上曝光电路图案，电路图案作为掩模通过刻蚀来塑造材料薄膜，在其上沉积绝缘薄膜，形成下一层材料薄膜，再次在光刻胶上曝光电路图案，重复下一工艺。

▶ 定位需要的难度

　　将电路图案曝光在上层材料薄膜的光刻胶上时，有必要在已经成型和处理过的下层材料薄膜上定位该电路图案。换句话说，如图 6-5 所示，在上层材料的光刻胶上，将曝光电路图案的对准标记（掩模侧）与下层材料的对准标记（晶圆侧）对齐，实施光学对准[○]。

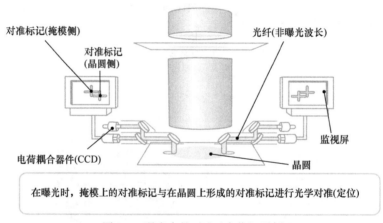

　　图 6-5　曝光中的对准（定位）示例

　　顺便说一下，用于在光刻胶上曝光电路图案的最新光刻机[○]已经精确到几纳米的尺寸，因此要求的定位精度只有这个数字的几分之一甚至更小。

　　当需要如此高的精度时，就不可能再以随意的组合方式来使用 IC 芯片生产线上的多台（通常是 10 台或更多）光刻机。这是因为光刻机越精确，机器之间越会出现更细微的个体差异（各编号机器的差异）。例如，当台风等低压空气云团接近时，光刻机的光学系统在大气压力的影响下会膨胀，导致精度的细微变化。

　　在 IC 芯片制造过程中，通常有 20 次以上的曝光，如果第一次曝光是在某台光刻机上开始的，那么第二次及以后使用的光刻机就不能随便选择。当然，如果

○　对准：即光刻机的定位。掩模上的标记与晶圆上的标记对齐。这个精度被称为对准精度。

○　光刻机：光刻机又被称为步进器或者扫描仪。$1nm=10^{-9}m$。另外，$1\mu m=10^{-6}m$，$1pm=10^{-12}m$。（此处的定位精度和新闻媒体经常报道的"量产 2nm 芯片"不是一个概念。——译者注）

一直使用同一台光刻机,对定位精度是最好的,但这就限制了可以使用光刻机的数量,降低了生产率。

图 6-6 所示,作为一种折中措施,以机器差异相对较小的设备为一组,把生产线上的所有光刻机分为几个组。只使用属于同一组的光刻机来生产某个特定的 IC 芯片,这就是分组管理。

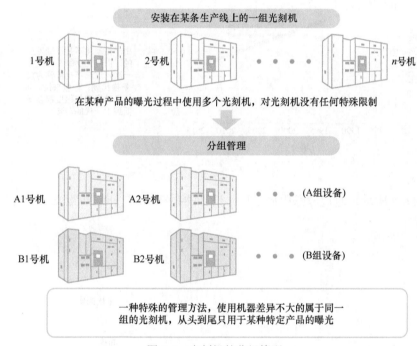

图 6-6   光刻机的分组管理

6.4   尘埃引起 IC 芯片故障:多大的尘埃会引起故障

▶ 病毒也是致命的尘埃

由于微加工技术被用于制造 IC 芯片,即使是最小的尘埃也会成为影响产量和质量的主要障碍。那么,多大的尘埃会造成影响呢?

IC 芯片设计中使用的最小尺寸被称为设计尺寸或特征尺寸[一],并随着时间的

___
  ⊖   特征尺寸:feature size,通常简称为 F。

推移（IC 芯片的微型化）而变小。如图 6-7 所示，目前最先进的 IC 芯片中，设计尺寸已经达到 10nm 以下。

　　一般来说，关于尘埃对构成 IC 芯片的器件和布线的影响，即使出现为设计尺寸几分之一的尘埃，都会被认为是致命缺陷。

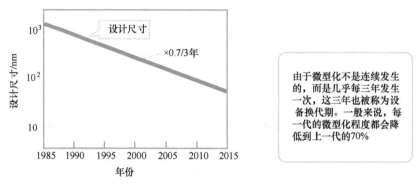

由于微型化不是连续发生的，而是几乎每三年发生一次，这三年也被称为设备换代期。一般来说，每一代的微型化程度都会降低到上一代的70%

图 6-7　IC 芯片的设计尺寸

　　图 6-8 所示，通过考虑用最小尺寸设计的线宽（L）和线间距离（S）的布线来理解。

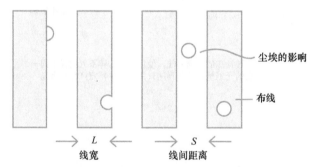

图 6-8　布线尺寸和尘埃大小之间的关系

　　这是因为与设计尺寸相同的尘埃会导致接线变细（包括断线）和导线之间的短路，造成产量降低，甚至在初始运行时也会导致质量下降。大于这个尺寸的尘埃被称为"杀手尘埃"[⊖]。因此，在最先进的 IC 芯片中，尘埃的尺寸（尘埃大小）不能超过 10nm。

　　顺便说一下，空气中各种尘埃的大小如图 6-9 所示。可以看出，除了水分子

　　⊖　杀手尘埃：意思是"致命的"，杀手尘埃是对 IC 芯片有致命影响的尘埃。

之外，任何微小尘埃一旦进入 IC 芯片就会成为致命的杀手尘埃。

尘埃	尘埃直径
香烟烟雾	10nm~1μm
黄沙	4~ 8μm
花粉	30~40μm
细菌	100nm~80μm
病毒	50~200nm
水分子	10 Åm（1Åm=10^{-10}m）

图 6-9　空气中各种尘埃的大小

出于这个原因，无尘室使用 HEPA 或超高效的高精度过滤器来净化空气。亚高效空气过滤器（EPA）规定对直径为 0.3μm 的尘埃的收集率为 99.97% 或以上。高效空气过滤器（HEPA）使用直径为 1~10μm 或更小的玻璃纤维作为滤纸，填充率约为 10%，孔径为数 10μm。更有效的超高效空气过滤器（ULPA）对直径为 0.15μm 的尘埃的收集率为 99.9995% 或更高。

因此，香烟烟雾、黄沙和花粉被无尘室中的过滤器提前过滤掉，不会直接影响到 IC 芯片的产量或可靠性，但它们会造成过滤器堵塞。

6.5　计算机集成制造（CIM）的三大作用：对生产效率和质量的提高

计算机集成制造⊖（Computer Integrated Manufacturing，CIM）是一种利用计算机系统提高半导体生产效率和质量的系统。

在 IC 芯片的制造过程中，制造流程极其复杂，例如会多次重复同一工艺，而且同一工程需要使用多种仪器和设备。此外，在许多情况下，不同制造工艺的产品也需要在同一条生产线上生产。

因此，产品本身、制造设备等需要管理的项目非常多，如果不使用计算机集成制造，可以说无法进行半导体制造。计算机集成制造系统的作用大致可以分为

⊖　计算机集成制造：安装在某条生产线上的各种制造设备和检验设备必须连上所使用的计算机集成制造系统，因此设备需要标准化接口。

以下三种（见图 6-10）。

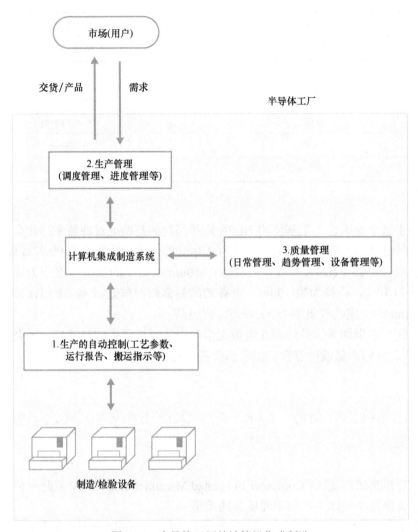

图 6-10   半导体工厂的计算机集成制造

1. 生产的自动控制

使用自动搬运设备将同一批次的产品从存放产品的储存架（又称为货物台）搬运到下一道工艺。

与生产线上 IC 芯片相关的整个制造工艺的工艺参数，通过网络从计算机下载到生产设备。当需要生产某种产品时，根据工艺参数自动执行生产。产品完成后，设备会向计算机发送运行报告。同时，同一批次的产品被运送到下一个货物台并暂时储存。

2. 生产管理

包括与产品制造计划和工作计划相关的调度管理，决定流水线上产品批次的生产顺序（比如批次划分为特快、快速、慢速等）和进度管理[⊖]，各个工艺中相关产品的状态管理，以及设备管理（运行、条件设定、试验、检查、维护、排除故障）等。

3. 质量管理

包括日常管理、使用统计方法的统计过程管理、基于数据转换的预防性维护趋势管理，以及技术数据的统计分析管理等。

详细情况将在后面内容中说明，但通过计算机对制造过程中每个检查点收集的大量数据进行统计处理和判断，可以检测和应对异常情况的发生，并迅速调查原因，采取措施，以确保生产的高效和质量的稳定。

6.6　运用统计学实施工程管理：确保产品质量的稳定

▶ 统计工程管理

统计工程管理（Statistical Process Control，SPC）是指一种控制方法，它使用统计方法来保证产品功能，并能确保从设计到制造所有阶段的质量稳定。

在设计中，有必要设计一些方法来确保产品特性的稳定，以应对制造阶段的变化。此种类型的设计也被称为稳健设计。

在制造业中，必须对关键工艺的流程进行监测，以确保其变动差异保持在一定范围内，并反馈到改进活动中。为此，利用管理图不断监测制造工艺的变动差异和波动，利用工程能力指数监测制造的稳定程度。

这些工艺和设备数据被纳入上一节所述的计算机集成制造系统中，进行统计处理。下面详细解释一下作为统计工程管理具体方法的控制图和工程能力指数。

1. 控制图

控制图是用于确定一个制造工艺是否处于统计控制范围内的图表。如图 6-11

⊖　调度管理、进度管理：最近，一些半导体制造商已经可以从半导体用户终端监控其产品的进度。

所示，在这个 *X-R* 控制图中，规格值的中心线（Central Line，CL）、控制上限值（Upper Control Limit，UCL）[⊖]和控制下限值（Lower Control Limit，LCL）[⊖]被用于某种产品的主要工艺中，属于需要控制的项目。这使得它有可能根据数据趋势以及对规格值变动差异的检测来快速应对工艺的变化。

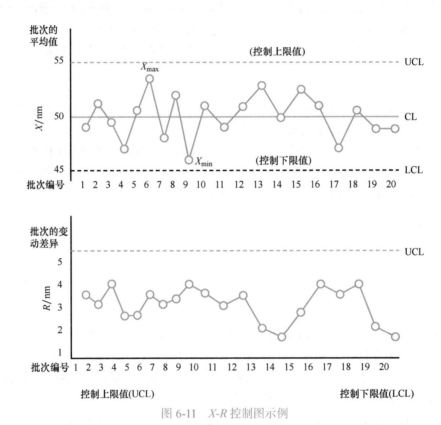

图 6-11　*X-R* 控制图示例

2. 工程能力指数

制造工艺的稳定性是根据一定时期内获得的工程数据和标准值进行统计计算的。这个稳定性指数被称为工程能力指数（Cp）（见图 6-12）。如果一个控制项目在一段时间内的最大测量值为 X_{max}，最小测量值为 X_{min}，标准偏差为 σ，则工程能力指数（Cp）表示为

⊖　控制上限值：工程管理的控制上限，而不是实际产品的公差上限，实际产品的公差上限值≥控制上限值。

⊖　控制下限值：同理，公差下限值≤控制下限值。

$$Cp=（X_{max}-X_{min}）/6\sigma$$

一般来说，如果 Cp>1.33 被认为是一个稳定的工艺。因此，为了生产的稳定性，有必要通过对生产设备和工艺条件的改进，以及对设计的反馈来增加 Cp 值。

如果图6-11中的数据覆盖20个批次时，X的最大值为X_{max}，最小值为X_{min}，标准偏差为σ，则工程能力指数Cp由下式算出

$$Cp=\frac{（X_{max}-X_{min}）}{6\sigma}$$

当Cp>1.33时，有可能实现稳定的生产

图 6-12　工程能力指数（Cp）的计算方法

6.7　趋势管理捕捉异常迹象：统计工程管理（SPC）法

前面解释了统计工程管理（SPC）中的控制图，如图 6-13 所示，如果一个控制项目的测量值超过了控制极限（上限或下限），则必须立即停止该批次产品的生产并调查原因。

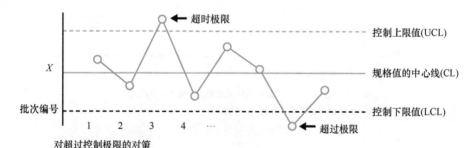

图 6-13　统计工程管理中超过控制极限的示例

如果该工艺是可返工的，则该批次将被返回重新生产。如果不能返工，该批次的全部（或部分）晶圆将被废弃。同时，需要调查并确定可能受该控制项目影

响的其他工艺和设备设施。为此，将对运行记录进行调查和分析，例如通过对参与产品该批次加工的设备设施进行编号分层管理[⊖]。

如果因此而发现某件设备设施有故障，就会将其停用并进行改进或修理。

▶ 在控制范围内也有预兆

除了这种极限管理方法以外，统计工程管理还有另一种管理方法，它包括预测和预防，通常被称为趋势管理[⊖]。即使是针对控制图上的控制极限内的数据，计算机也会根据数据的趋势进行统计、处理和决策。

哪些情况可以作为触发报警的异常迹象，其判断标准由软件自由设定。例如，如图 6-14 所示，通常设定以下标准。

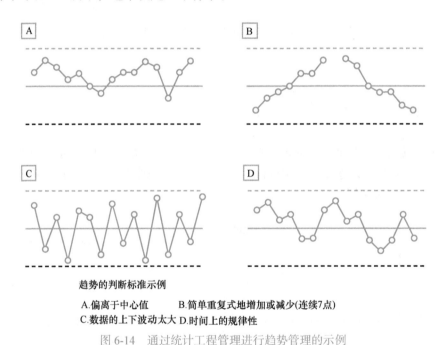

趋势的判断标准示例

A.偏离于中心值　　　　B.简单重复式地增加或减少(连续7点)
C.数据的上下波动太大　D.时间上的规律性

图 6-14　通过统计工程管理进行趋势管理的示例

1）总体向上或者向下偏离中心值。

2）简单重复式地增加或者减少的数据（如 7 个连续的点）。

3）数据的上下波动太大。

4）数据中存在时间上的规律性。

⊖　分层管理：在统计处理中，将一个母集划分为若干子集。

⊖　趋势管理：在趋势管理中，针对异常情况计算机会自动停止设备运行，停止该批次产品的生产，并且发出警报。

5）没有特别的异常情况，但与以前的数据相比变动差异很大（如一周或一个月前）

这些统计趋势可以被认为是异常迹象的预兆，也可能是由于任何相关设备设施的性能变化造成的。负责工艺或者设备的工程师收到报警后，可以调查报警的原因，并采取必要的行动，迅速改进工艺或设备。

通过这种趋势管理的方式，有助于预测和预防产品及设备设施的缺陷，并保证和改善生产质量。

6.8　工业废料的处理责任归于制造公司：非法倾倒会损害公司声誉

在半导体 IC 芯片的制造过程中，虽然进行了大量的无缺陷检查，但仍会有一定数量的缺陷产品出现。处理这些有缺陷的产品时，必须牢记以下几点。

▶ 可靠的承包商

1. 首先是确保有缺陷的芯片通过回收公司被"安全地废弃"

下面是我在公司亲自经历过的例子。有一天，一个人出现在办公室，拿出一堆本应被处理掉的带有公司商标的 IC 芯片，问道："这些东西能卖多少钱，你们最好把它们买了。"当公司表示拒绝时，此人威胁说："那么，就不要怪我通过特别的渠道将其投放到'市场'中了！"这简直是典型的不负责任的废弃物处理方式。

如果因为一家废品处理公司的非法倾倒而使公司出名的话，将会严重损害公司的形象。一旦用于处理废品的化学药液泄漏并造成环境污染，就会被追责，回收的目的到底是什么？

针对不同的废物处理，每家回收公司都有自己的优势和劣势。有时在最终处置时，还会需要多家公司一起协作处理，这样就有可能掺杂了一些安全意识淡薄，没有责任感的公司。

2. 必须尽可能有效地利用地球上的资源。

对日本来说，这是一个特别尖锐的问题，自然资源匮乏，但是半导体等产业却先进发达。

在这方面，需要根据日本 2000 年颁布的《循环型社会形成推进基本法》所制定的废品回收政策采取具体措施。特别是稀有金属[⊖]，如硼（B）、钛（Ti）、钴（Co）、

　⊖　稀有金属：指的是元素周期表第 3 组的元素。

镍（Ni）、铪（Hf）、钽（Ta）和钨（W）等被用于半导体 IC 芯片，并在"城市矿山"$^\ominus$中发挥作用。因此，非常有必要对这些有用的资源进行再生和有效利用。

　　稀有金属是具有巨大工业价值的有色金属，但在自然界中相对稀少，高品位矿样更是稀缺，而且开发成本高昂。图 6-15 所示是用于硅半导体的典型稀有金属及其主要应用。

稀有金属	主要应用
硼（B）	典型的 P 型导电杂质
钛（Ti）	以单元素物质或氮化钛（TiN）形式存在。形成与铜布线贴合的堆叠结构
钴（Co）	在 MOS 晶体管的自对准硅化物结构中形成二硅化钴（$CoSi_2$）
镍（Ni）	在 MOS 晶体管的自对准硅化物结构中形成二硅化镍（$NiSi_2$）
铪（Hf）	作为高介电常数（High-k）栅极绝缘膜形成二氧化铪（HfO_2）
钽（Ta）	作为氧化钽（Ta_2O_5）和氮化钽（TaN）薄膜，与铜布线贴合形成堆叠结构，用于 DRAM 的高介电常数绝缘膜
钨（W）	作为嵌入式触点的钨式插头（W-plug）或者单元素钨，形成硅化钨（WSi_2）的布线材料。亦可形成氮化钨（WN），与铜布线贴合形成堆叠结构

图 6-15　用于硅半导体的稀有金属示例

　　鉴于上述情况，半导体 IC 芯片制造厂采用了一种类似监控的系统。具体来说，经过分拣后有缺陷的产品，在确认数量后由破碎机粉碎，再卖给可靠的回收公司，并在管理者在场的情况下，监控从开始一直到最后处理的全过程，见图 6-16。

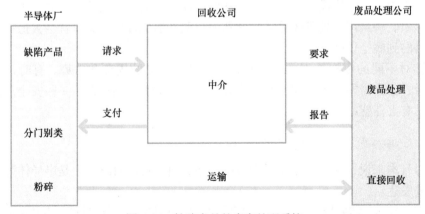

图 6-16　缺陷产品的废弃处理系统

$\ominus$　城市矿山：一种回收概念，废弃的工业产品（如 IC 芯片）中所包含的有价值的金属被认为是可开采的资源。据说日本有世界上数一数二的城市矿山。

6.9　无尘室的清洁度：日本产业标准（JIS）的 1~9 级

作为 IC 芯片生产线的无尘室，从字面上看是指一个洁净的空间，但它到底有多洁净呢？无尘室所要求的清洁度取决于在无尘室中制造的 IC 芯片的细微化水平。

这是因为 IC 芯片中使用的电子元素尺寸越细，即使再小的尘埃微粒也会造成缺陷。

▶ 清洁度的等级

无尘室的清洁度（也叫洁净度）是由悬浮在无尘室中单位体积内的尘埃[⊖]微粒数量来表示的，即等级。如图 6-17 所示，展示了无尘室等级的分类图。一般来说，这种等级分类是基于无尘室建设完成时的数值，而不是生产线实际运行时的数值。自然，实际生产时的清洁度要比施工完成时低。

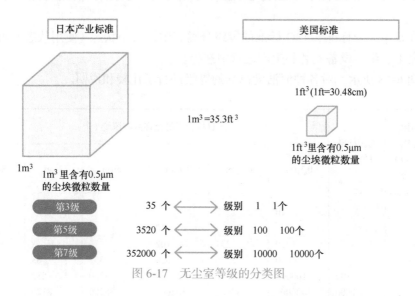

图 6-17　无尘室等级的分类图

无尘室有三个主要的等级标准：日本产业标准、美国标准[⊜]和国际标准化组织（ISO）标准。

⊖　尘埃：一般来说，尘埃粒径越小，尘埃越多，但在粒径小到一定程度以下时，由于内聚力的作用，尘埃反而会减少。

⊜　美国标准：美国标准有两种类型：一种是基于英制单位，另一种是基于公制单位。

1. 日本产业标准（JIS）

当尘埃微粒数量以 10 的次幂表示时，$1m^3$ 中粒径为 0.1μm 或更大的尘埃微粒数量由次幂表示，分为 1~9 级。

2. 美国标准（USA 标准）

当基于英制单位（1ft= 约 30cm）时，以粒径为 0.5μm 或更大的尘埃微粒为基准，表示在 $1ft^3$ 中粒径为 0.5μm 或更大的尘埃微粒数量。相比之下，公制单位虽然同样是以粒径为 0.5μm 或更大的尘埃微粒为基准，但是是对 $1m^3$ 中的尘埃微粒数量采用 10 的次幂来表示。为了便于区分，公制单位添加 M，采用 M（×）形式表示等级，其中 × 代表等级。

3. 国际标准化组织（ISO）标准

这个标准是一个以日本、美国和欧洲作为基准的全球统一标准。依据 ISO 的规定，尘埃标准粒径为 0.1μm，标准体积为 $1m^3$，借用的是日本产业标准。

在日本产业标准和 ISO 标准的等级分类表中，占用状态（使用状态）可以从建设完工、生产设备安装和生产运行中选择。

图 6-18 所示，对各种清洁度标准的等级进行了比较和说明。

国际标准化组织（ISO）的等级	美国标准的等级	大于目标粒径的允许微粒浓度（个 /m^3）					
		0.1μm	0.2μm	0.3μm	0.5μm	1μm	5μm
1		10	2	—	—	—	—
2		100	24	10	4	—	—
3		1000	237	102	35	8	—
4		10000	2370	1020	352	83	—
5	100	100000	23700	10200	3520	832	29
6	1000	1000000	237000	102000	35200	8320	293
7	10000	—	—	—	352000	83200	2930
8	100000	—	—	—	3520000	832000	29300
9	1000000	—	—	—	35200000	8320000	293000

标记（—）表示不适用

图 6-18　各种清洁度标准的等级分类

6.10   无尘室的进入规则：轻轻拍打全身，身体转两三圈

IC 芯片生产线上的无尘室必须保持在一个极其洁净的环境中。当然穿着普通衣服是不可能允许进入的。因为人体会产生各种尘埃和杂质[○]，如衣服上的灰尘、呼吸中的灰尘、汗液中的离子和女性脱落的化妆品。

因此在进入无尘室时需要进行一定的准备，执行一定的程序。虽然根据生产线的清洁度不同，其要求也各不相同，但在这里我们将模拟一个进入无尘室的标准化流程范例。

首先，在无尘室旁的更衣室里脱去鞋子、外套和毛衣等。外套和毛衣易产生静电，必须格外小心。

接下来在更衣室里换上特殊的、预先清洗过的无尘服。有关无尘服的典型样式见图 6-19。图 6-19a 是对应清洁度为 1~10 级的屏蔽式无尘服，图 6-19b 是对应清洁度为 10~100 级的高规格式无尘服。

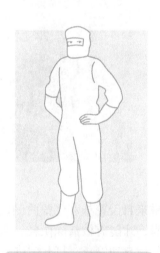

a) 屏蔽式

用于清洁度为1～10级的超高级
无尘服装。它有像航天服一样的
头套，由HEPA过滤排放清洁空气

b) 高规格式

适用于清洁度为10～100级的无尘室
(清洁度低于a)屏蔽式)

图 6-19   无尘服装样式

○ 吸烟者：吸烟者在进入无尘室时必须从提供的饮水机中喝一口水，这也是一个必须执行的规定。

▶ 一个科幻式的无尘室世界

首先，戴上口罩，在头上戴上一顶连衣帽，只露出面部。然后打开连体无尘服的躯干部分的拉链，按双腿、躯干和双手的顺序，穿上带有弹性袖口和下摆的连体无尘服，最后关闭拉链。这时，将帽子的下摆放在无尘服的颈部内，用所附的魔术贴粘住。

接下来，将带有弹性下摆的脚套套在无尘服的下摆上，然后穿上防静电导电鞋。在自动洗手机中按照纯净水、洗涤剂、纯净水的顺序淋浴双手，并用烘干机吹干。最后戴上特殊的防静电、防尘手套。这样才算完成穿衣过程。

接下来要通过与无尘室相连的风淋室（见图 6-20）。每次入室人数有限制。当按下按钮时，入口的门就会打开，进入后就会关闭。类似进入了一个科幻的世界。

这是一个进入无尘室前必须经过的风淋室。入口和出口分开。干燥的空气从天花板和墙壁的两侧吹出，以清除微粒、灰尘和污垢

图 6-20　风淋室的示例

风淋来自天花板和侧壁两侧，规则是要求旋转身体两到三圈，同时双手轻轻拍打全身，才能有效清除微粒、灰尘和污垢。微粒尘埃从下面的地板排出。风淋一定时间后自动停止，打开门进入的就是无尘室了。

6.11　无尘室的构造和使用：整体式和隔间式

在制造 IC 芯片的无尘室中，层流型洁净空气不断从屋顶向下流向导电地板，以保持洁净环境（层流型空气指空气有规则地向下流动，各路空气之间互不干扰，没有乱流。——译者注）。这种气流通过位于天花板上的风扇过滤设备

（FFU）进行清洁。如图 6-21 所示为无尘室的基本结构和空气流通的路径。

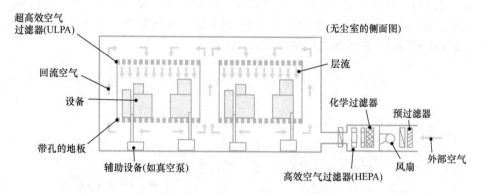

图 6-21　无尘室的基本结构和气流方向

在风扇过滤设备中内置有超高效空气过滤器（ULPA），对粒径为 0.15μm 的微粒收集率超过了 99.9995%。向下流动的速度通常在 1~2m/s，人体能够感觉到空气的流动。

无尘室拥有制造设备、清洁和干燥设备、测量设备、搬运设备、机器人和产品的临时货物台等。

▶ 无尘室保持在（23±3）℃

使用无尘室的方法主要有两种：整体式[⊖]和隔间式[⊖]，但一般采用隔间式（bay）。

如果采用整体式，使用无尘室的时候不需要再隔断空间。由于提高整个房间的清洁度是极其不经济的选择，所以一般都是进行局部清洁，并使用专门的晶圆盒来搬运晶圆。这一点将在下一节里详述。

如果采用隔间式，如图 6-22 所示，每组工艺设备的每个工作区相对于中央走道呈 U 型排列。工作区被划分为光刻工艺、沉积工艺（热氧化、化学气相沉

⊖　整体式（ball room）：ball room 在英语中是指舞厅（场所），这里比喻为在一间宽大的无尘室内生产。

⊖　隔间式（bay）：bay 在英语中原来的意思是海湾，但通常被称为墙。这里比喻为每个工作区相对于中央过道呈 U 形布置，像隔间一样。

积）、刻蚀工艺、离子注入工艺等区域，根据工艺的不同，有时多达 10 多台机器有序地排列。隔间式意味着同一类型的设备被放置在一起。这样，当一台机器发生故障时，可以很容易地转移到另一台机器上继续运行生产。但另一方面，操作员必须在不同的工作区域之间多次来回奔波。

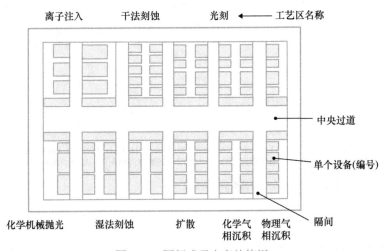

图 6-22　隔间式无尘室的使用

悬挂在天花板上的直线电动搬运车在各个工艺之间长距离搬运晶圆，而自动导引搬运车或者无线搬运机器人则被用于短距离搬运。

无尘室的温度控制在（23±3）℃，湿度约为（45±15）%，并由中央控制室持续监控。温度和湿度都很舒适，但这不是为人准备的，而是为半导体制造准备的。

6.12　"局部无尘"战略：降低无尘室成本的智慧

随着 IC 芯片的设计尺寸越来越小，为了稳定地制造芯片并提高产量，就需要无尘室具备更高的清洁度。为此，更先进的无尘室技术可以实现 IC 芯片更高的集成度，这种想法促进了"超级洁净技术"的推广。

与此同时，为提高清洁度而建造和运行的无尘室成本已经变得很高，给生产力带来了负面因素，或者更直白地说，给企业的生存能力带来了极大的压力。

为了应对这种情况，一种被称为"局部无尘"的技术得以应用，它使用"密封型晶圆盒"来容纳某一批次的多片晶圆，对整个无尘室的清洁度要求反而不高，并结合使用"迷你环境"来提高防止晶圆暴露于外部空气中的局部清洁度。"局部无尘"的概念是基于图 6-23 所示的无尘室技术，即局部无尘 = 密封型晶圆盒 + 迷你环境。有关密封型晶圆盒和迷你环境的解释如下。

图 6-23　局部无尘室的概念

▶ **密封型晶圆盒**⊖

密封型晶圆盒被称为标准机械接口（Standard Mechanical Interface，SMIF），最初设计是准备将晶圆放在一个密封盒中，以确保内部有一个特别干净的环境。但是它最终只停留在理论层面，仅保留了其作为 200mm 晶圆搬运盒的名称。如图 6-24 所示，这是第一个真正用于 300mm 晶圆的前开式晶圆搬运盒（Front Opening Unified Pod，FOUP）。

> 前开式晶圆搬运盒是一个适用于 300mm晶圆的搬运容器。清洁度相当于迷你环境

图 6-24　300mm 晶圆的前开式晶圆搬运盒（FOUP）

▶ **迷你环境**⊖

这个概念是在设备前端提供一个极其干净的搬运室，以防止密封盒中的晶圆在进出生产设备的过程中受到污染。如图 6-25 所示，搬运室周围的清洁环境被

⊖ 晶圆盒 :cassette, 原意为小箱子，此处指晶圆搬运盒。
⊖ 迷你环境：mini-environment，也称小型环境。

称为迷你环境。

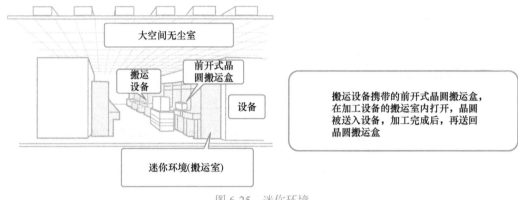

图 6-25　迷你环境

局部无尘技术可以实现高清洁度的加工，而不需要将晶圆直接暴露在无尘室的大环境中，与清洁整个无尘室的传统技术相比，可以降低成本和节约能源。

6.13　无尘室是"太空实验室"：黄色照明与特殊书写工具

这里介绍一下迄今为止尚未提及的无尘室。

1. 使用黄色照明的区域

在复制细微电路图案的光刻区，使用的光刻胶中含有光敏材料。因此，在这个区域一般使用黄色荧光灯进行照明，因为必须消除对光刻胶有害的，波长在500nm 以下的光或紫外线。因发光二极管（LED）具有高亮度、低能耗和长寿命的优点，所以广泛使用黄色的 LED。

2. 无碱区

在设计尺寸为 0.25μm 或更小的超大规模集成电路（LSI）的光刻中，准分子激光光源（KrF 或 ArF）被用于复制电路图案。而且使用了对这些光源高度敏感的光刻胶，被称为"化学放大胶"。

图 6-26 所示，这种类型的光刻胶由遇光产生酸性物质的感光化合物、聚合物树脂（具有不溶于碱的保护基）和有机溶剂组成。感光化合物在曝光时产生一种酸，作为化学催化物，可以促进光刻胶的连锁反应，使聚合物成为碱溶性。

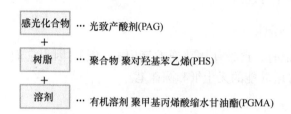

光刻胶材料的组成示例

感光化合物 … 光致产酸剂(PAG)
＋
树脂 … 聚合物 聚对羟基苯乙烯(PHS)
＋
溶剂 … 有机溶剂 聚甲基丙烯酸缩水甘油酯(PGMA)

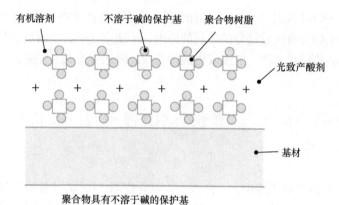

聚合物具有不溶于碱的保护基

光化学反应

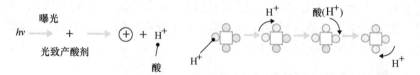

发生一系列反应，其中首先一个小的蓝色基团(不溶于碱的保护基)与酸(H⁺)反应，并转化为一个小的白色基团(碱溶性保护基)，然后依次将聚合物树脂上所有的不溶于碱的保护基转化为碱溶性保护基

曝光过程中光(hv)照射到光致产酸剂时，产生酸性物质(H^+)，它与聚合物的不溶于碱的保护基团发生反应，使其变为碱溶性保护基。在酸性催化反应的基础上，通过增加热量进一步促进反应

图 6-26　化学放大胶的原理

由于这类化学型光刻胶与酸相关，所以光刻区不允许存在碱性离子。也正因

为如此，该区域广泛使用化学物质作为过滤器来去除碱性离子，同时在选择建筑材料，如墙壁的材料时也必须十分注意。

3. 可以带入无尘室的特殊纸张

当需要在无尘室中记笔记时，严禁使用普通的笔记本（纸），因为它们会带来灰尘。必须使用具有特殊导电功能的无尘纸和圆珠笔。

4. 火山灰⊖和盐害⊖的影响

如果一个半导体工厂位于海边或火山附近，可能会有严重的后果。例如，由于火山灰或台风带来的含有大量盐分的空气的原因，清洁空气的过滤器会变脏或堵塞。在这种情况下，必须停止生产，清洗或更换过滤器，因此会造成重大损失。

6.14　工期上的"特快""普快"和"慢车"：不同制造周期的产品混合生产

在IC芯片流程的前道工序中，生产线上有时会使用"特快""普快"和"慢车"这些词。当然，它们不是指火车，而是用于分类和管理一个产品批次的制造工期（Turn Around Time，TAT），即从晶圆被送入生产线到前道工序（扩散工艺）完成的这一段周期。

如前所述，IC芯片制造的前道工序以晶圆为原料开始，通过数百道工艺在晶圆上制造大批量的IC芯片。我们假设在某批次产品的处理过程中，等待时间为零。换句话说，这是最短的制造工期，即在没有任何等待的情况下连续加工的周期，我们称之为理论制造工期。

▶ "快车"和"慢车"的完成时间相差一倍

由于实际生产线上通常有许多不同品种的IC芯片和相同品种不同批次的芯片在同时生产，所以只有当其中一个产品批次优先于所有其他产品时，才能保证在理论制造工期内完工。

例如，如果某个IC芯片的理论制造工期是25天，平均来说，它将在2.5倍的时间内，即大约两个月才被制造出来。这样的批次被称为"慢车批次"。相比

⊖　火山灰：索尼公司的长崎工厂在云仙火山喷发期间曾受到影响。
⊖　盐害：笔者曾在NEC公司的山口工厂亲身经历过台风造成的盐害（含盐分的风对无尘室的过滤器造成堵塞）。

之下，理论制造工期的 1.8 倍，或大约一个半月的制造工期，被称为"普快批次"。理论制造工期的 1.3 倍，或大约一个月的制造工期，被称为"特快批次"。如图 6-27 所示，这些数字只是一个参考，没有绝对时间标准的快慢。

理论制造工期是指在特定生产线上流动的一批 IC 芯片产品，从晶圆被送入生产线到前道工序（扩散工艺）完成时的最短制造周期。换句话说，即当每道工艺的设施和设备都准备就绪，运行等待时间为零的条件下的制造周期。	
批次类型	制造工期（假设理论制造工期为 25 天，此处为理论制造工期的倍数）
慢车	2.5 倍 → 2 个月
普快	1.8 倍 → 1.5 个月
特快	1.3 倍 → 1 个月

图 6-27 理论制造工期和"慢车批次""普快批次""特快批次"

　　根据用户的特殊要求，设置了普快批次和特快批次。然而，如果普快批次和特快批次的数量增加，慢车批次的生产时间受到影响，自然会导致整个生产线的生产量减少，从而导致生产效率下降。如图 6-28 所示，一条生产线的产量是由在制品总数（Work in Process，WIP）和制造工期决定的。

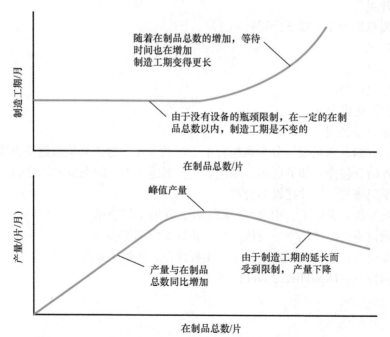

图 6-28 在制品总数与产量、制造工期之间的关系（概念化）

根据生产线上正在加工的晶圆总数与所需时间之间的关系，以及慢车批次、普快批次和特快批次的比例计算出的平均制造工期和生产量，可以用计算机集成制造系统和专用软件进行模拟[⊖]。计算机集成制造在这些领域贡献极大。

行业知识：无尘室的相关企业

本栏介绍从设计到建造与 IC 芯片生产相关的无尘室的代表性公司。

无尘室的建造通常由一个总建造商和若干承担部分土木和建筑工程的承包商（建筑公司）来进行。总建造商由日式英语"General Constructor"演变而来，负责与半导体制造商签订合同，从事从设计到整体施工的各套建设工作。

总建造商包括超级总建造商和一般总建造商。

例如超级总建造商有以下公司：

鹿岛建设公司

清水建设公司

大成建设公司

竹中工务店公司

大林组公司

一般总建造商有以下公司：

长谷工公司

户田建设公司

西松建设公司

奥村组建设公司

安藤建设公司

另一方面，承包商又分为承担特定工程的专业承包商和从总建造商那里承担部分工程的分包商。如下所示，承包商是根据建筑工程的类型来划分的。

脚手架搭建：向井建设等公司

电路安装：关电工、中电工、Kinden、九电工等公司

空调设备：高砂热学、三机工业、新日本空调等公司

卫生设备：日立工程建设、东芝工程建设、须贺工业等公司

消防设备：HOCHIKI、NITTAN 等公司

⊖　模拟：提供各种程序可以模拟在制品总数、生产产量、制造工期等之间的关系。

劳动者的心声：工厂因人而充满活力

7.1 诞生于吸烟室的创意：独特氛围的"异次元"空间

对禁烟已经习惯的当代人来说过去也许不可思议，在很久以前，工厂都有吸烟区。在附近部门工作的人或正好路过的人，只要想吸烟，就会去吸烟区，度过一段烟雾缭绕的时间。

1. 半导体工厂的"都市传说"

事实上，这个吸烟区还有一些别的功能。吸烟区是一个远离工作区的独特空间，提供了一个暂时释放工作压力的环境。来自不同岗位和部门的人聚集在那里，大家讨论各种话题，自由交换意见。

当然，吸烟区的性质意味着不可能长时间的交谈或讨论。但有时确能引发热点，促使人们回到工作场所后就刚才未结束的话题继续交谈，或者再打电话和对方继续探讨。吸烟区提供了一个不同的空间，作为一个独特的沟通场所，不同于通常的报告、联络、协商以及正式会议。

在吸烟区里，我通过与其他部门和职位的人自由开放的交流，获得了很多内部信息，并吸收了与自己不同的想法、概念和观点。我还获得了许多在办公室环境中无法获得的"珍宝"，例如新的想法和灵感，甚至想出了专利，并找到了解决难题的线索。

2. 吸烟区的一个蓬勃发展的替代方案

除了吸烟的"罪过"，我觉得这种吸烟区的"优点"可以以某种形式保留下来……

我梦想有这样一个地方，人们沉浸在某件事物中的同时关掉通常的工作模式，如图 7-1 所示，在放松的同时，进行诚实的讨论。读者以为如何？

名称	茶水间⊖、交流楼层 休息室、休息厅 社交室、协作空间等 	
宗旨	放松和减压 不同于工作场所的沟通 促进创造力和灵感，提高生产效率	
聚集的人群	来自各个部门和职位，不同的年龄，男性和女性等	
话题	与工作有关的非正式话题和数据、与其他公司和市场有关的话题、个人爱好和家庭、与人事有关的话题（调动、晋升、离职、退休）、社会问题等	
具体相关事物	咖啡厅、内部图书馆、台球、乒乓球、飞镖、卡拉 OK 房、有氧运动、健身器材、玩具、冰淇淋、糖果、营养饮料等 	

图 7-1　公司内部的交流场所

7.2　原则上"禁止"参观工厂：必须签署"保密协议"才能进入制造生产线

▶ 如何为半导体工厂保密

最近工厂之旅颇受欢迎。在啤酒厂、食品厂和汽车厂，会有专门的工作人员负责接待参观者。

半导体 IC 芯片工厂也会接待各种来访者，但与上述工厂不同的是，半导体工厂不但含有大量机密，而且对灰尘和其他污染物也极为敏感。因此有时很难

⊖　茶水间：一些公司在工作场所设立茶水间，作为交流使用。

接受"只是看一下生产线"等这种要求。不过基于社会责任，也会邀请外人来
参观。

图 7-2 所示，半导体工厂的访客类型可以分为三类：产业界、政府和学术界、
媒体及其他。

来访者类型		接待（举例）	窗口参观	进入无尘室
产业界	同行业	通常不接受		
	客户	签署保密协议，检查形式，根据对方购买产品的质量保证系统，提供所需信息		可以
	相关行业	一般说明，与社区的关系	可以	
政府和学术界	省长、市长和区长等	一般说明		
	大学、高中	公司介绍、半导体技术说明	可以	
	专业人员（教授、学生）	公司介绍、半导体技术说明、签署保密协议	可以	可以
媒体及其他	大众传媒	接待采访	可以	可以
	员工的家属	每年邀请一次，介绍公司和工作情况	可以	

图 7-2 半导体工厂的访客类型

1. 产业界

半导体 IC 芯片行业的竞争对手，一般是不可能访问其他公司的。即使有要
求，我们肯定也会拒绝，以防止有关最先进技术的机密信息和数据的泄露。如果
属于同一行业，哪怕单从设备的制造商和设备保有数量中就能获得很多信息。

如果对方是半导体 IC 芯片的客户，我们自然会以检查生产线的形式接受来
访。在这种情况下，要签订保密协议（NDA），根据对方购买产品的质量保证系
统，提供包括进入无尘室[⊖]在内的所需信息。

偶尔会有来自相关行业管理层的人士。这种情况下，他们很少进入无尘室，
关心的话题只是通过窗口参观[⊜]工厂，了解公司的信息和公司在当地社区的参与
活动。实话实说，很少有管理层对"里面有什么设备"感兴趣。

⊖ 无尘室的入室：在请外人进入无尘室时，要事先询问他们的鞋码（cm）和无尘服尺寸（小、中、
大），并准备好适合的衣服。

⊜ 窗口参观：沿着一条特殊的走廊，透过玻璃参观工厂内部。类似于橱窗参观。

2. 政府和学术界

工厂所在地区的省长、市长或区长等也可能来访。在这些情况下，除了对公司进行一般性的宣传说明外，还提供窗口参观，很少有深入的问题需要回答。

有时还会接待来自当地大学和高中的访客。在大多数情况下，他们在教授或教师的带领下，以几人到十几人的小组形式进行参观。在这种情况下，除了对公司及其半导体技术的解释说明外，还提供了窗口参观。如果教授熟悉这个行业，而且学生研究的也是半导体的话，在签署保密协议（NDA）后，可以允许进入无尘室参观。

3. 媒体及其他

报纸和其他媒体可以到现场进行采访，以便于宣传。在这种情况下，媒体的提问已经事先准备好了，并尽可能允许拍摄与这些问题相关的场景。

采访时，不管是在窗口参观时拍摄，还是将进入无尘室的封闭区域拍摄，都必须注意防尘。

大约每年一次，公司员工的亲属（丈夫、妻子和孩子）会被邀请参观工厂。我们提供窗口参观，尽可能愉快而简明地解释 IC 芯片，让他们对半导体工厂产生兴趣，并为有在那里工作的家人而感到自豪。

7.3 半导体工厂也要改进：审查提议，决定等级

丰田公司以善于改进改善闻名，如图 7-3 所示，本人工作的半导体公司（工厂）也有一个类似的改善建议制度（提案制度）。一般来说，建议由个人或小组提出，任何人均可提出，与他们的职称无关。公司（工厂）有一个"评估委员会"，由相关部门的部长和科长组成，定期开会审查这些建议并确定等级。

1. 什么是改善建议制度（提案制度），有什么奖励

原则上，每月举行一次颁奖仪式，公司高管、评估委员会成员和获奖者的主管都会出席，并颁发证书和奖金。奖励的金额取决于提案的级别，但平均来说，大约是 10000 日元（约 500 元人民币）。

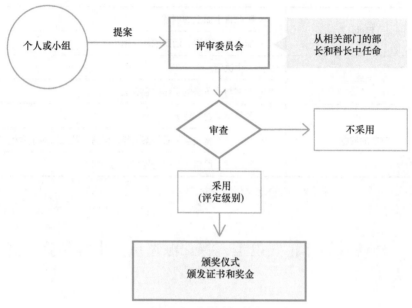

图 7-3　改善建议制度

2. 想法必须有实际效果

最初，提案制度的目的是为了激励一线操作员，通过自下而上的建议，吸收一线人员的聪明才智，展示他们改进和完善工作的意愿。

最终只是想法而没有实施的提案将无法获得奖励。只有那些已经或可以肯定预见能带来明显经济价值的提案才会被考虑。评估委员会的评分也主要由产生这种经济价值的大小而决定。

尽管公司（工厂）对使用提案系统和提交提案表示欢迎，但有一些问题使我们无法对该系统感到完全满意。

这是因为大多数提案与他们所负责的工作任务直接相关，而且并不总是清楚这些提案在多大程度上属于通常业务。如果评估委员会在这方面过于严格，就会打击提案者的积极性，而如果过于宽松，提案就会粗制滥造，在极端情况下，它甚至会干扰正常生产。

作为评审委员会的成员，充分考虑到这种情况，尽量向提案者解释提案接受或拒绝的原因、级别评定的理由⊖。基本上我们一直有意识地努力，在奖金的预算范围内尽可能多地采纳各种提案，见图 7-4。

⊖　奖励的透明度和公平性：最好能在颁奖仪式上做出解释，如提案的概要和评定级别的理由（根据本人的经验）。

目的	· 吸收自下而上的创意
	· 加强参与意识，活跃职场氛围
内容	· 自由决定
	· 大多与所负责的工作内容有关
存在的问题	· 如何定义通常业务
	· 判断过于宽松会导致提案的粗制滥造，从而影响正常生产
	· 判断过于严格又会打击提案者的积极性

图 7-4　改善建议制度的目的、内容和存在的问题

7.4　各种各样的非正式员工：特殊派遣员工中容易获得高水平人才

除了从公司领取工资的正式雇员外，半导体生产线上的操作员（工人）也可能包括非正式雇员○。如图 7-5 所示，需要非正式雇员有两个主要原因。

1）半导体行业的技术革新非常迅速，可以说是分秒必争。在半导体行业高度复杂和精密的制造工艺中，要不断地培训和保证公司内部具有足够技能的操作人员，并随时填补职位的空缺，这并不容易。因此，直接从公司外部招聘有经验和技能的雇员变得十分迫切。

> ① 半导体行业正在经历重大的技术革新，需要复杂的制造业务。针对这种情况，从外部引进具有一定经验和技能的人员，比在内部培训并确保公司内具有足够技能的操作人员更有效率
>
> ② 与在随时都拥有充足的内部操作人员相比，外部人力资源应对市场的经济周期(称为"硅景气周期")变化更有优势

图 7-5　半导体生产线上需要非正式雇员的原因

2）另一个原因是希望保持雇用的操作员数量，能够适应半导体行业几乎每四年一次的起伏（经济周期），即所谓的"硅景气周期"○。

顺便说一下，在半导体工厂工作的非正式雇员有几种形式。

派遣雇员是指通过人才派遣公司与半导体制造商（客户）签订劳动合同，在客户的半导体工厂工作一段固定的时间，同时从人才派遣公司领取工资。

○　非正式雇员：不可否认，雇主的真正意图是确保雇用的弹性化和降低劳动成本。
○　硅景气周期：半导体行业大约每四年发生一次周期性波动，被认为是由产品换代时的供需不平衡造成的。

有两种类型的派遣雇员：一般派遣雇员和特定派遣雇员。一般派遣雇员的工作期间固定，随着工作期间的结束，与人才派遣公司和半导体制造商的雇佣合同也同时结束。特定派遣雇员根据与人才派遣公司签订的雇佣合同为客户工作，合同结束后，可以被派遣到下一个客户的公司继续工作。

一般来说，特定派遣雇员就业更稳定，人才派遣公司也乐于确保人才并培训他们，因此从特定派遣雇员中更容易招聘到熟练的操作人员。

除了派遣雇员之外，还有可能生产制造环节由有组织、有规模的技术集团整批外包。此外，不但单一工艺，如光刻或刻蚀的制造业务被外包，连设备的安装、调试、维护和保有等均可外包。

图 7-6 所示为半导体制造业中不同类型的非正式雇员及其工作内容。

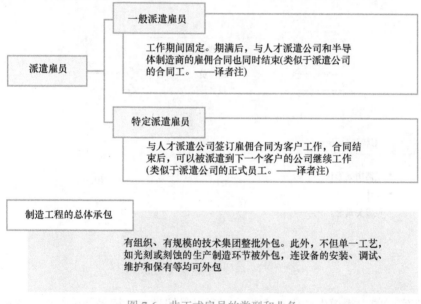

图 7-6 非正式雇员的类型和业务

7.5 反复检测：使用在与人身安全有关的汽车和医疗器械行业

▶ 注重在线监测

在 IC 芯片生产线上，最终产品进库成为可交付的产品之前，需要进行各种各样的检测。除了已经提到的前道工序完成后判断晶圆上的 IC 芯片合格与否的晶圆检验工艺，以及封装后 IC 芯片的检验、分拣工艺之外，还有其他各种检测。

图 7-7 所示，在前道工序中，要检测晶体管和布线电子器件的三维结构的每一部分的尺寸和形状，或它们之间的相互位置关系。还要检测电路特性，如器件的电阻和电容值以及晶体管特性。此外还要详细检测物理性能，比如它们所基于导电杂质的浓度分布和各种薄膜的特性（介电常数、微漏电、介电击穿电压等）。当然还会检测尘埃、划痕和污垢。

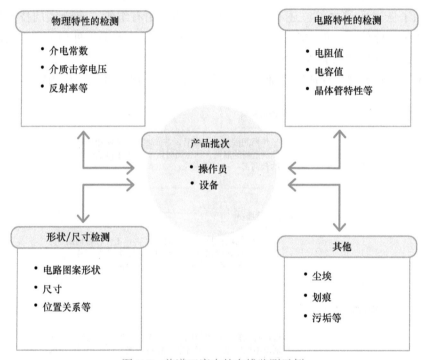

图 7-7　前道工序中的在线监测示例

在实际的大规模生产中，主要检测项目是按批次、按晶圆单位进行测量，并存储在计算机中。这些伴随着产品批次本身的检测和数据收集，也被称为"在线监测"，作为批次生产记录的一部分被保存，是记录 IC 芯片的性能、产量和可靠性的原始数据。

此外，在 IC 芯片封装后，还要检测其外形和外观、划痕和尘埃、引线尺寸和形状、电镀状况、是否覆有异物、打标状况等（见图 7-8）。这些不同的检测包括使用自动视觉检测设备$^\ominus$的机械检测、由操作员实施的视觉检测及显微镜检测。

$\ominus$　自动视觉检测设备：包括电路图案形状检测、尺寸测量、相互位置测量、缺陷检测和电路图案比较等各种检测。

视觉检测每片晶圆上的合格芯片(G/W⊖)　　显微镜下的电路图案检测　　　　电路图案尺寸检测

图 7-8　检测的具体示例

机械检测包括测量和比较电路图案的形状和尺寸与设计值是否相符，以及测量和显示晶圆内的分布状况。而视觉检测及显微镜检测主要是通过目视比较检测评判样品品质。

除了这些在线监测外，还可以根据需要在被抽检的晶圆或基准晶圆上进行各种检测（SEM、TEM 等）。

半导体工厂生产的相关 IC 芯片会用于汽车和医疗器械等关系人身安全的设备中，因此必须严格进行一轮又一轮的检测。

7.6　必需的证书：与电工、叉车操作、药液、防火等相关的证书

如果半导体公司要良性运转，工作人员就不可避免地需要某些证书。这些证书可分为两类：在法律上有效的证书和最好拥有的证书。

1. 法律上有效的证书

图 7-9 所示，从证书名称、内容概要和相关法规方面总结了半导体公司所必需的证书。

与工作有关的证书，有"吊装"证书。吊装是指从准备工作开始到用绳索吊运货物，再到取出吊索具的一系列操作。这项工作只能由已经取得吊装技能合格证书的员工进行。

在参加"工业机器人特别培训"课程后，操作员将获得一份用于教学、检查工作的特别培训结业通知，并获得结业证书。

⊖　G/W：每片晶圆上的合格芯片（Good die per Wafer，G/W），即前道工序完成时一片晶圆上的合格芯片数量。

证书名称	内容概要或相关工作	相关法规
吊装	进行吊装操作相关工作	日本《劳动安全卫生法》第 61 条和第 76 条
工业机器人特别培训	工业机器人操作员，义务上需要接受安全培训	日本《劳动安全卫生法》第 36 条和第 59 条
低电压处理	对涉及处理交流 600V 及以下、直流 750V 及以下的电力工作进行特别培训	日本《劳动安全卫生法》第 36 条和第 59 条
起重机操作特别培训（5t 以下）	操作起重负荷小于 5t 的起重机	日本《劳动安全卫生法》第 36 条和第 59 条
叉车操作	已完成叉车驾驶技能培训或特殊驾驶教育的人员，负责叉车相关操作	日本《劳动安全卫生法》第 59 条、第 61 条和第 76 条
有机溶剂作业主任	开展并监督预防有机溶剂造成身体伤害等工作	日本《劳动安全卫生法》第 6 条和附录表 6-2
特定化学品和四烷基铅作业主任	指导从事特定化学品和四烷基铅作业的操作	日本《劳动安全卫生法》第 6 条和第 14 条、"特别措施"第 27 条，以及《四烷基条例》第 14 条
第一类卫生管理者	负责工作条件和工作环境的卫生改善以及疾病的预防措施，并管理工作场所整体卫生等相关工作	日本《劳动安全卫生法》
防火管理者	指完成防火课程的人员，管理场所的防火工作	日本《消防法》

图 7-9　半导体公司绝对必需的证书

"低电压处理"证书授予完成了低电压处理或铺设低压充电电路的特别培训的操作员。

与驾驶操作有关的证书包括"起重机操作特别培训（5t 以下）"，这是针对此类操作的安全培训。另外，完成了叉车驾驶技能培训的叉车操作员，可以在其头盔上贴上叉车证书标签。叉车操作看起来很轻松，其实是非常危险的操作，涉及提升和降低重物，甚至需要在密闭空间内倒着行驶。

在化学溶剂方面，"有机溶剂作业主任"是国家规定的作业主任证书之一，由经营者从完成"有机溶剂[⊖]作业主任"技术培训课程的人员中挑选。"特定化学品和四烷基铅作业主任"是指已经完成"特定化学品和四烷基[⊖]铅作业主任"技术培训课程的人员。

对一定规模以上机构来说，"第一类卫生管理者"必须从拥有卫生管理执照、

　⊖　有机溶剂：用于半导体生产的三氯乙烯（C_2HCl_3）和四氯乙烯（C_2Cl_4）等。
　⊖　烷基：将甲烷（CH_4）碳水化合物中去除一个氢原子的原子团的总称。

医生执照或劳动卫生咨询顾问执照的人员中挑选。

　　"防火管理者"必须向消防部门通报备案。

2. 最好拥有的证书

　　图 7-10 所示，从证书名称、内容概要和相关法规方面总结了在法律上不必要，但对于企业的发展来说最好拥有的证书。

证书名称	内容概要或相关工作	相关法规
特定高压气体处理主任	管理与特定高压气体安全有关的操作	日本《高压气体安全法》
危险材料处理者（乙种第 4 类）	负责处理或现场监督处理危险材料等相关工作	日本《消防法》
缺氧危险作业主任	通过缺氧危险作业主任的技术培训课程，或者缺氧及硫化氢危险作业主任的技术培训课程后获得的国家职业资格证书	日本《劳动安全卫生法》
eco 认证	这个认证的正式名称是"环境社会认证考试"，测试广泛与环境问题有关的知识	由东京商工会议所举办
一般有毒有害物质处理认证	处理所有有毒和有害物质[○]的国家职业资格证书	日本《有毒和有害物质控制法》
X 射线作业者	从已获得该国家职业资格证书的人中任命 X 射线操作员	日本《劳动安全卫生法》
高电压处理	对涉及处理交流 600~7000V 和直流 750~7000V 的电力工作进行特殊培训	日本《劳动安全卫生法》第 36 条和第 59 条

图 7-10　最好拥有的证书

　　这里所说的"特定高压气体处理主任"包括对以下 7 种气体的处理：砷化氢、乙硅烷、乙硼烷、硒化氢、磷化氢、氢化锗和甲硅烷。"危险材料处理者"是指负责乙种第 4 类，即对汽油、煤油、柴油和乙醇等易燃液体的处理。"缺氧危险作业主任"需要由经营者指定。

　　证书对于任何业界的企业都是必不可少的，但半导体工厂需要的证书范围更加广泛，从设备到处理化学药液，甚至包含防火安全。

　　㊀　有毒和有害的物质

　　　　有毒物质：氢氟酸（HF）、砷化物（如砷化氢（AsH_3））、三氯化硼（BCl_3）等。

　　　　有害物质：盐酸（HCl）、硫酸（H_2SO_4）、硝酸（HNO_3）、氢氧化钠（NaOH）、氨（NH_3）、过氧化氢（H_2O_2）等。

必须知道的半导体工厂秘密

8.1 立式炉成为主流的原因：占地面积、晶圆的支撑和转送

前面已经提到，熔炉是一种制造设备，用于成批地对多片晶圆进行热处理，或利用热扩散现象添加杂质。

在半导体工厂中使用的这种熔炉通常也被称为扩散炉[⊖]。扩散炉有两种类型：立式炉和水平炉。

1. 立式炉

图 8-1 所示，由垂直排列的石英或类似材料制成的炉心管和垂直石英夹具组成，晶圆被水平放置，气体流经由外部加热器加热的炉心管[⊖]，实施晶圆加工。

将晶圆放在石英夹具的 3 根支柱上雕刻的凹槽中，从而得到 3 点的稳定支撑。

2. 水平炉

图 8-2 所示，有一个水平放置的炉心管和一个石英夹具（晶圆架），晶圆被垂直放置后实施加工。晶圆在 3 个点上

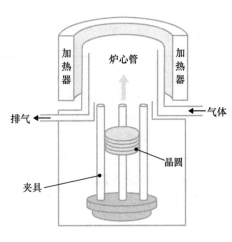

图 8-1 立式炉的示意图

⊖ 扩散炉：扩散炉最初是指利用扩散现象将导电杂质添加到硅元素中的熔炉，但是用于热处理的熔炉有时也被习惯性地称为扩散炉。

⊖ 炉心管：石英是最常见的炉心管材料，但碳化硅（SiC）也可用于高温加工炉。

由石英夹具支撑，使其固定在石英夹具的 3 个支柱上雕刻的凹槽中。

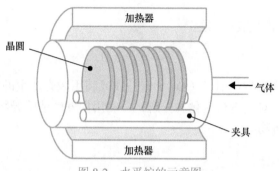

图 8-2　水平炉的示意图

目前几乎所有的扩散炉都从水平炉转为立式炉。主要有 3 个原因。

如图 8-3 所示，第一个原因是设备的"脚印"。"脚印"原本指的是足迹，但在半导体工厂指的是设备所占用的地面空间。换句话说，如果无尘室的高度足够高，立式炉的占地面积就比水平炉小，这是最主要的原因。

比较项目	立式炉	水平炉
设备占地面积	小	大
设备高度	高	低
热应力	均匀	不均匀
机械臂搬运晶圆	容易	困难
近年来，立式炉的比例明显增加，对于大口径晶圆来说立式炉的优势更加明显		

图 8-3　立式炉和水平炉的比较

第二个原因，晶圆的支撑方式不同。在立式炉加热过程中，晶圆上的热应力更加均匀，减少了晶圆的热应变，降低了晶圆翘曲和晶体缺陷的风险。

第三个原因是很容易从石英夹具中搬运晶圆。在水平炉中，机械臂必须以直立的姿势抓取晶圆并进行搬运，而在立式炉中，晶圆水平放置，机械臂可以更容易地吸附晶圆进行搬运。

8.2　湿式清洗以外的方法：目的、用途不同而分类采用

有关晶圆的清洗方法，第 3 章已经介绍了湿式清洗，即主要使用酸性化学品

进行清洗，事实上还有其他多种清洗方法，并用于不同的目的。这里介绍其中几种方法。

▶ 用于不同目的的清洗方法

1. 干洗

利用等离子体激发的氧气（O_2）、紫外线或利用激光产生的臭氧（O_3），来破坏杂质的化学键，对其进行氧化和分解，并利用挥发性清除异物。适用于干法刻蚀后去除表面有机物。

2. 刷子清洗（擦洗）

这种清洗方法是在超纯水流动的同时，用旋转的刷子刷洗，以物理接触方式去除表面的异物。如图8-4所示，有卷轴式和圆盘式的刷子，其材料也各不相同。还有的将清洗与超声波淋浴相结合，以提高清洗效率。在各种类型的沉积和化学机械抛光之后，它能有效地去除相对较大的杂质。除了晶圆以外，这种清洗方法还可用于清洗掩模板。

卷轴式　　　　　　　　　　　**圆盘式**

根据刷子的材料、硬度、长度以及密度的差异进行选择。也可以通过清洗过程中的转速和施加压力来决定最佳选择

图 8-4　刷子清洗（擦洗）

3. 低温气溶胶清洗

图8-5所示，惰性气体如冷却的氩气（Ar），以及氮气（N_2）和二氧化碳（CO_2）被注入减压后的腔室以形成固体颗粒，然后将晶圆放在腔室内。用固体颗粒与晶圆表面碰撞，以物理接触方式去除异物。最后固体颗粒在室温下变为气体，因此不需要特殊的干燥设备。

4. 超临界清洗

图 8-6 所示，超临界清洗使用超临界流体，如二氧化碳（CO_2），它在临界温度和临界压力下具有介于气体和液体之间的特性。利用超临界流体的低黏性和快速扩散特性，可以有效地溶解和剥落异物。

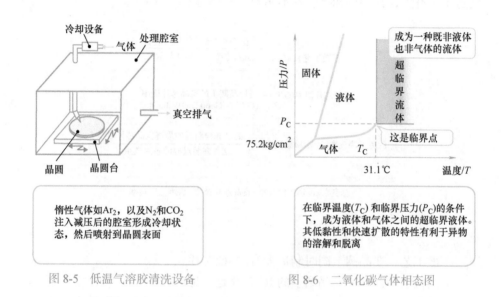

图 8-5　低温气溶胶清洗设备　　　　图 8-6　二氧化碳气体相态图

5. 特殊功能水清洗

这是一种湿式清洗，但使用的不是酸或碱，而是特殊功能的水，如臭氧水或电解离子水。因为不需要废液处理，对环境的影响也小。

以上这些清洗方式，有望用于因电子器件小型化而产生的深孔的清洗、沟槽底部的清洗、又窄又高的电路图案⊖的清洗，以及新材料无损清洗等。

8.3　良率：1 片晶圆里取得的合格芯片的数量

在任何工厂中，制造的产品中会包含一定比例的次品。良品数量在全部产成品中所占的比例称为良率（yield）。良率低下意味着会增加制造成本，它是与公

————

⊖　又窄又高的电路图案：对于集成电路内又窄又高的立体电路图案，在清洗过程中受到的外力可
　　能会导致它们塌陷，所以清洗方法的选择非常重要。

司盈利能力直接相关的重要指标之一。

▶ 良品芯片概率的重要性

半导体行业比起其他行业，良率的概念有着特殊的意义。

图 8-7 所示，半导体制造中的良率通常被分为几种类型。这些都和 IC 芯片
制造工艺有关，其特点和方法各不相同。

前道工序良率 = 前道工序完成后的晶圆数量
(扩散工艺良率)　送入生产线的晶圆数量

良品芯片概率(G/W) = 一片晶圆上的良品芯片概率
(G/W：Good Die/Wafer)

后道工序良率(封装/检验良率) = 封装和检验后的最终良品芯片数量
送入封装过程的芯片数量

总良率 = 前道工序良率×良品芯片概率×后道工序良率

图 8-7　半导体制造的总良率

扩散工艺：在晶圆上同时制造大量的 IC 芯片。

晶圆检验工艺：判断晶圆上的 IC 芯片是好是坏。

封装和检验工艺：晶圆被切割成独立的芯片，并进行包装和检查。

前道工序（扩散工艺）的良率，即送入生产线的晶圆中，完成前道工序的比
例，被称为前道工序良率。在送入封装工艺的 IC 芯片中，通过最终检验的入库
良品数量所占的比例称为后道工序良率。

以上的良率固然重要，但更重要的是从一片完成了前道工序的晶圆中最终能
获得多少个良品芯片，这被称为晶圆检验工艺的芯片检验良品数。

芯片检验良品数 Y（一片晶圆上的良品芯片数量）由晶圆上的有效芯片[注]数 N
和良品芯片概率 P 表示，如下式所示

$$Y = N \times P$$

当采用更精细的设计标准和使用更大直径的晶圆时，有效芯片数 N 会更高。
良品芯片概率 P 是由尘埃、划痕、污垢和工艺引起的缺陷[注]密度（芯片单位面积
的缺陷数量）决定的。因此，如图 8-8 所示，芯片检验良品数 Y 直接反映在 IC

⊖ 有效芯片：芯片的整体都在晶圆外围的去除区域（外围边缘）以内，这种芯片即有效芯片。
⊖ 工艺引起的缺陷：在 IC 芯片的制造过程中，由机械的外力、热量引起的变形或由尘埃而引起的
缺陷。

芯片的生产成本中。它不仅直接反映了 IC 芯片的制造成本，而且是一个综合指标，也包括设计和制造中的工艺、材料及设备管理成本。

$Y=N\times P$

Y: 芯片检验良品数/单片晶圆, IC芯片成本的主要构成因素, 设计、制造和管理的总体指标
N: 有效芯片数, 包含在晶圆中的芯片总数。晶圆直径越大, 数量越多
P: 良品芯片概率。生产线越高端, 产品的尺寸越小型化, 概率越低

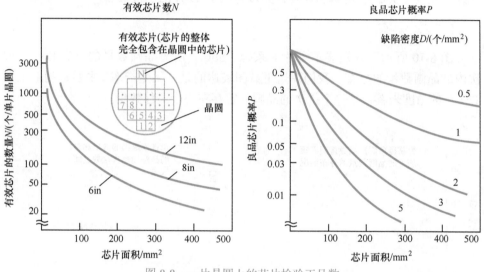

图 8-8　一片晶圆上的芯片检验正品数

8.4　批量大小对生产的影响：小批量的生产周期一定短吗

在 IC 芯片制造的前道工序中，若干片晶圆组合成一批，并依次实施各项工艺的加工处理。

图 8-9 所示，存放在晶圆盒中的同一批晶圆在设备的装载口等待，直到所有的晶圆都被处理完毕后，晶圆盒内的同一批晶圆同时被送往下一道工艺。

图 8-9　制造设备上的逐批加工处理

例如，在一条 300mm 的晶圆生产线上，一个晶圆盒最多能储存 25 片，所以每批晶圆的数量不会超过 25 片。

单批晶圆的数量，称为批量，根据生产线上 IC 芯片的类型而不同。IC 芯片的类型包括实验产品、原型产品、片上系统（SoC）[⊖]、逻辑芯片、存储器等。在存储器系列中，因为同一产品大量生产，批量为最多的储存数量，即 25 片。相反在片上系统（SoC）、逻辑芯片中，大多为低于 25 片的小批量。

▶ 批量大小和处理时间

图 8-10 所示，分别展示了片上系统（SoC）所需晶圆数量的分布和一个批次内的晶圆数量的分布。我们在这里试图表达的是，从生产率（主要是制造工期 TAT）的角度来看，某一个批次的晶圆一定存在一个最佳数量。

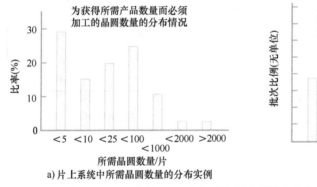
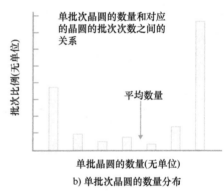

a) 片上系统中所需晶圆数量的分布实例　　　　b) 单批次晶圆的数量分布

图 8-10　片上系统所需晶圆和批量的比例

图 8-11 所示，生产设备的生产周期，即加工一个批次的平均加工时间根据批量而不同。

一般来说，生产周期会随着批量减少而缩短，但由于设备上晶圆盒的装载及卸载[⊜]、相关设备的设置、等待加工等都需要时间。因此小批量的生产周期[⊜]反而有可能更长。设备的有效利用率，即设备实际加工的时间，对于小批量的设备来说是比较低的，从而导致生产率降低。

　⊖　片上系统：System on Chip（SoC），一种在单个芯片上集成了一套系统功能的 IC 芯片，或者有时也指这套系统功能的设计方法。

　⊜　装载 / 卸载口：制造设备和加工批次（储存晶圆的晶圆盒）之间的连接场所。

　⊜　生产周期：处理时间与晶圆数量成正比，但如果晶圆数量较少，晶圆的搬运和等待时间会导致每片晶圆的生产周期变长。

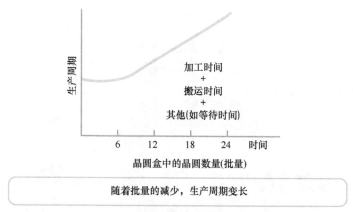

图 8-11　每批所需的平均处理时间（生产周期）

此外，为了在不减少总产量的情况下生产多种多样的产品，小批量产品的增加也会因晶圆盒的增加而导致总搬运次数增加，降低生产率。

因此，在片上系统和逻辑芯片的生产线上，以及在同时生产存储器的混合生产线上，需要在生产线设计、生产设备选择和生产管理上优化组合，以充分考虑批量大小的影响。

8.5　无尘服的颜色区分：瞬间判断对方的身份

前面已经提到，在 IC 芯片生产线的无尘室，必须穿着特殊的防尘服，即无尘服。

▶ 用鲜艳的颜色来识别对方的身份

顺便说一下，根据无尘室的不同，你可能会看到各种颜色的无尘服[一]。

通常情况下，无尘服是白色的，但在某些情况下，许多人在同一个无尘室中工作时，会穿着不同颜色的无尘服，如粉红色、浅蓝色或绿色。为什么会有不同的颜色？这些颜色又分别代表什么意思呢？

有各种各样的人在无尘室里工作。如图 8-12 所示，这些人包括直接参与生产活动的操作员和其他生产人员，也有进行实验、研究和改进等活动的工程师，还有安装、维修或改装设备的设备制造商工作人员，以及来无尘室参观的人员。无尘服用鲜艳的颜色，其目的就是可以立即识别对方的身份。

[一]　无尘服的颜色区分：在某些情况下，无尘服没有颜色区分，而无尘帽有颜色区分。

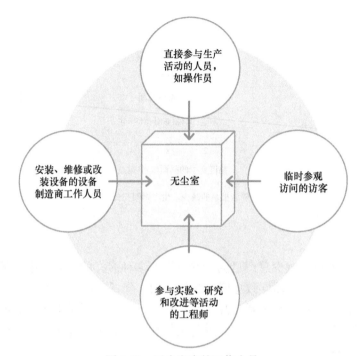

图 8-12　无尘室中的工作人员

图 8-13 所示，例如生产人员为白色、工程师为浅蓝色、制造商人员为绿色、参观人员为粉红色等。因为白色是无尘服的基本颜色，所以所有生产线上的生产人员都要穿白色无尘服。

图 8-13　无尘服的颜色区分示例

多色无尘服还有其他优点，比如易于保持无尘室内的技术和文献的机密性[⊖]。（为了防止泄密，什么身份的人可以进入什么区域，可以操作什么设备都有严格的规定。通过有颜色的无尘服可以马上判断此人的行为是否符合规定。——译者注）

⊖　机密性：无尘室里也有允许外人进入的区域和不允许外人进入的区域。

不过，并不是所有的无尘室都对无尘服进行颜色区分。换句话说，现实中似乎没有真正明确的理由说明颜色区分的必要性或有效性。谈到半导体工厂，许多人倾向于认为一切都顺理成章，不一定需要什么理由。

然而，我的个人印象是，不管有什么具体的优点，当你进入无尘室时，看到穿着彩色无尘服的人走来走去，比看到穿着单调的白色无尘服工作的人更令人感到舒服。

8.6　气瓶室的创意：屋顶的耐压值较低的原因

▶ 四种气体供应方法

IC 芯片生产线上使用各种气体，这些气体的供给主要有以下四种方式。

第一种是位于工厂内或附近的现场工厂生产，它从空气中分离出高纯度的氮气，并通过管道供应给无尘室的各个使用点。

第二种是供应商使用油罐车运来的氮气、氧气、氢气、氩气及其他大量使用的气体（液化气体），被储存在室外集中式储罐里并供给设备使用。

第三种是相对大量使用的各种特殊气体以气瓶形式购买，储存在特殊气体供给柜（见图 8-14）中，集中储存在气瓶室，由管道供给设备使用。

第四种是将偶尔少量使用的特殊气体，装入小型气瓶，放在无尘室靠近设备的位置直接供应。

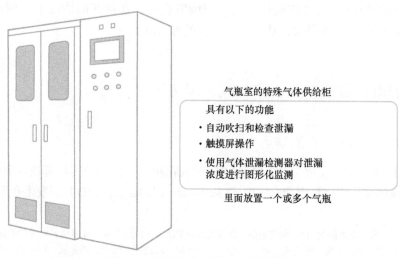

气瓶室的特殊气体供给柜

具有以下的功能

· 自动吹扫和检查泄漏

· 触摸屏操作

· 使用气体泄漏检测器对泄漏
　浓度进行图形化监测

里面放置一个或多个气瓶

图 8-14　储存气瓶的特殊气体供给柜

▶ **针对减少爆炸危害而设计的建筑结构**

气瓶是完全密封的抗压钢制容器，用于储存、运输和使用液化或压缩气体，在出口处装有不同用途的阀门。用于生产半导体的气瓶需要储存高纯度气体，因此要使用内壁抛光的无尘气瓶。

根据日本《容器安全条例》[⊖]的规定，气瓶的颜色根据气体类型确定。对应于"其他类型"的灰色气瓶，必须在容器上标明气体名称。此外，如果气体类型是有害的、有毒的或易燃性质的[⊖]，必须标注出来，并标明气瓶的责任所有人。

气体类型	气瓶颜色
氧气(O_2)	黑色
氢气(H_2)	红色
二氧化碳（CO_2）	绿色
氯气（Cl_2）	黄色
氨气（NH_3）	白色
乙炔（C_2H_2）	棕色
其他气体（在气瓶上标明气体的名称）	灰色

图 8-15　按外观颜色分类的高压气瓶气体类型

在存放大量气瓶的气瓶室里，必须特别注意防止气体泄漏，中央控制室会对其进行持续监控。如果发生泄漏，阀门还配备了设备，可以自动关闭阀门。

天花板的抗压能力被设计为比周围墙壁更弱，在最坏的情况下，例如爆炸时，能量会向天花板释放，从而减少横向的冲击波。

8.7　静电对策的智慧：将二氧化碳溶于水

▶ **静电对半导体生产影响巨大**

在 IC 芯片制造工程中，需要采取特殊的防静电措施。特别是内部器件中使用的超薄绝缘薄膜，很容易因静电放电（Electrostatic Discharge，ESD）而发生介质击穿。

⊖　《容器安全条例》：根据并实施由《高压气体控制法》（1951 年第 204 号法）制定的条例。

⊖　易燃气体：乙炔、砷化氢、氨气、乙烯、乙硅烷、乙硼烷、氢气、磷化氢、甲硅烷、丙烯、甲烷等。

因此在制造工艺中采取了各种各样的防静电措施，以下介绍几个典型的例子。

1. 无尘室

无尘室的建筑材料，特别是用于操作员行走和物体移动的地面材料，是由金属等导电材料制成的，以防止产生静电。无尘室的湿度设定在 50% 左右同样也是这个道理。此外，进入无尘室时穿的无尘服、手套和鞋子都是导电材料。

2. 超纯水

制造工艺中用于清洗的超纯水具有 $18M\Omega \cdot cm$ 的高电阻率，可以说是一种绝缘体。为了防止在晶圆清洗（包括擦洗和喷射清洗）、掩模板清洗、背面研削和切割等制造工艺中被静电击穿，需要将二氧化碳溶解在超纯水中，以增加其导电性，防止被加工物带电。

图 8-16 所示，展示了超纯水的电阻率与二氧化碳浓度之间的关系，通常其电阻率范围为 $0.5\sim1M\Omega \cdot cm$。

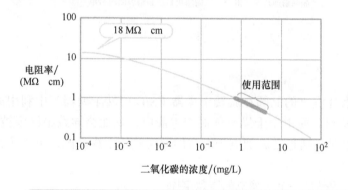

图 8-16 超纯水的电阻率与二氧化碳浓度之间的关系

3. 制造设备

在离子注入法中，导电杂质（磷、砷、硼等）的加速离子被注入晶圆表面，晶圆表面因正离子而带电，电子器件的绝缘膜会被静电破坏。如图 8-17 所示，采取的对策是在离子到达晶圆表面之前通过电子淋浴$^{\ominus}$，形成中性离子$^{\ominus}$，再注

$\ominus$ 电子淋浴：也称电平枪（Electron Flat Gun，EFG），电平枪是一种低速电子的供应源。

$\ominus$ 离子：一般来说，M 元素的离子 M^{+n} 的 $\pm n$ 被称为离子价（ion valence）。

入晶圆表面。

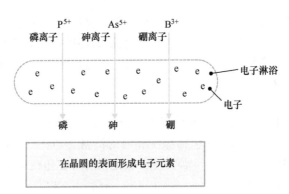

图 8-17　离子注入时电子淋浴的中和作用

4. 干燥器

当用超纯水冲洗过的晶圆在旋转干燥器（S/D 旋转干燥器）中利用离心力进行干燥时，晶圆表面由于干燥空气而产生静电，从而会导致绝缘膜被破坏。对此采取的对策是，通过在施加电子淋浴的同时旋转干燥晶圆，可以防止静电破坏。

半导体工厂的确是一个防静电的智慧宝库。

8.8　参观无尘室心得：了解后有助于理解工厂的特点

1. 特别是寒冷的角落，有横向风的地方……

如果你有机会进入半导体芯片生产线的无尘室，不妨检查以下几点。

为了保持清洁度，在无尘室内层流[⊖]型空气不断地从天花板流向地板，形成从上到下的气流（风速为 1~2m/s）。这一点在 6.11 节里已经提及过。

当你走过无尘室时，如果感觉到有一些区域比其他区域更冷的话，那就是光

　⊖　层流：流动方向一致但速度较慢的气流，以区别于"乱流"。

刻工艺区了。这里需要特别高的清洁度，因此与其他区域相比，下层空气流速增加，以使其更加清洁。空气流速的差异会让你感到特别寒冷。

还要注意有横向空气流动的场所。特别是在可以进出的分离区域，一边是正压，另一边是负压，正压区域往往被设定为更干净（见图 8-18）。这样一来，无尘室的空气流量是保持清洁度的非常重要的控制项目之一，并且要定期检查。

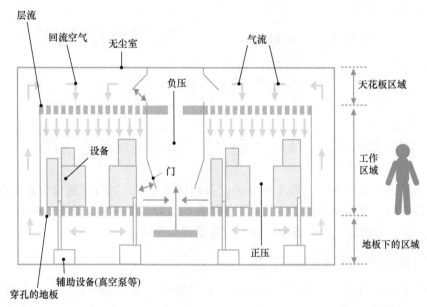

图 8-18　无尘室气流，以及正压和负压

2. 裸露的晶圆充当传感器

此外，晶圆有时会暴露在无尘室的某个角落里。这样做的目的是什么呢？

晶圆的表面是疏水性的，在完全清洁的情况下会排斥水的吸附。然而，如果有机物等杂质黏附在晶圆表面时，它就会变得亲水并被水浸润㊀。通过观察晶圆表面的这种变化，有可能检测到无尘室中漂浮的微量杂质存在与否。从某种意义上说，暴露的晶圆被赋予了传感器的作用（见图 8-19）。

让我们进一步看看工厂周围的情况。例如工厂后面的混凝土路面，在靠近各种化学品储罐的地方，混凝土路面会稍微向一边倾斜。这是因为，如果发生化学品泄漏，会喷射大量的水以稀释化学品，而临时储水罐位于道路低的一侧的地下，这些储水罐专门用来储存被稀释后的化学药液。

㊀　亲水特性：当晶圆表面被氧化形成二氧化硅薄膜时，晶圆表面就具有亲水特性。

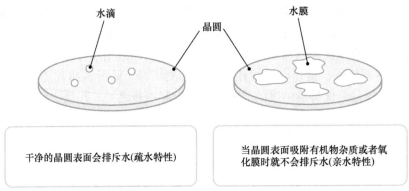

图 8-19　晶圆的疏水和亲水特性

8.9　定期检查项目：每日、每月、每6个月的检查项目

　　为了保障安装在生产线上的各类设备的功能正常，进行定期检查是必要的。定期检查的内容和频率因设备而异，这里我们以最常见的制造设备——干法刻蚀设备为例，来看看包括检查项目在内的需要管理的项目。

▶ **定期检查的类型和检查项目**

　　除了每天进行一次的日常检查外，定期检查还包括每个月、每6个月和每12个月的检查项目。如图 8-20 所示为日常检查的内容。包括在日常检查中记录累积的射频放电时间，当使用达到 1000h 时，就要进行腔室维护。检查项目包括下部电极温度和各种冷却水流量。冷却水是循环的超纯水，以驱散设备产生的热量并保持恒温。

项目	内容	管理基准
射频累计放电时间	记录	使用 1000h 后进行腔室维护
下部电极温度	检查	78~80℃
各种冷却水流量	检查	涡轮分子泵为 2.3~2.8L/min，射频部分为 8.5~9.0L/min，匹配器为 5.0~7.0L/min

射频系统：频率从 MHz 到 GHz
匹配器：用于匹配射频电源和负载的设备

图 8-20　日常检查的示例（干法刻蚀设备）

图 8-21 所示为每个月的检查内容。检查项目包括加热器温度、涡轮分子泵（TMP）的氮气吹扫流量、工艺所用气体的压力、氮气和空气压力、电容式压力计的零点调整、压力控制器的零点调整、泄漏检查、干式泵[⊖]的冷却水流量、干式泵的氮气压力、循环器[⊖]中的循环水交换、循环器中的循环水转换后的压力、循环器中的散热片检查。

项目		管理基准
加热器温度		96~104℃
涡轮分子泵（TMP）的氮气吹扫流量		18~22 sccm（半导体行业的常用单位，即每分钟标准毫升。——译者注）
工艺所用气体的压力		0.07~0.13MPa
氮气和空气压力		0.25~0.35MPa
电容式压力计的零点调整		−10~10mV
压力控制器的零点调整		−0.13~0.13Pa
泄漏检查	临界压力	≤0.01Pa
	泄漏率	≤0.001Pa
干式泵	冷却水流量	3.5~8.0L/min
	氮气压力	0.09~0.12MPa
	氮气流速	19~22Pa·m³/s（半导体行业的常用单位。——译者注）
循环器	循环水交换	实施
	循环水转换后的压力	50~70psi（半导体行业的常用单位，1psi=6.89 kPa。——译者注）

图 8-21　每个月检查的项目

涡轮分子泵中带有金属涡轮叶片的转子高速旋转，通过排斥气体分子来置换气体。电容式压力计是膜片式真空计，通过感知静电容量的变化来检测压力。

图 8-22 所示，展示了每 6 个月和每 12 个月的检查内容：每 6 个月的检查项目包括皮拉尼真空规的真空调整和质量流量控制器（Mass Flow Controller，MFC）的零点调整；每 12 个月的检查项目包括射频（RF）电源的配置。皮拉尼真空规是利用一种现象，即在真空中被通电加热的金属丝所散发出的热量随压力的变化而变化。它们在大气压至 0.1Pa 的条件下工作，用于控制真空排气系统。质量流量控制器用来测量并控制流体的质量流量（质量流量指单位时间内流过特定截面的流体质量。——译者注）。

⊖　干式泵：一种不使用油或其他液体的真空泵，可以在不产生气雾的状态下实现清洁的真空。

⊖　循环器：用于液体循环的设备，这里指超纯水的循环器。

检查的设备	项目	管理基准
皮拉尼真空规（每6个月）	真空调整（≤0.01Pa）	1.995~2.005V
质量流量控制器（每6个月）	零点调整	−10~10mV
射频电源（每12个月）	射频校准	1900~2000W

　　皮拉尼真空规：在真空中被通电加热的金属丝所散发出的热量随压力的变化而变化，利用该现象制造而成的设备，压力范围为0.1~2000Pa。
　　质量流量控制器（MFC）：测量并控制流体的质量流量的设备

图8-22　每6个月和每12个月检查的项目

　　每日、每月和每6个月的检查项目只是众多检查项目的一部分。检查项目如此之多，你该有体会了吧！

8.10　调整设备能力：平衡生产线的生产能力，提高产量

　　IC芯片制造的前道工序包括各种工艺步骤的重复进行，如沉积、光刻、刻蚀、离子注入和清洗。如图8-23所示，每道工艺步骤包括若干组制造设备（又称设备组），这些设备一般由几台完全相同的设备或具有类似功能的不同设备组成。

生产工艺	设备组	组号	单个设备
薄膜沉积	热氧化	A	A_{11}, A_{12}…
	气相沉积	B	B_{11}, B_{12}, B_{13}…; B_{21}, B_{22}, B_{23}…; B_{31}, B_{32}…
	溅射	C	C_{11}, C_{12}…; C_{21}, C_{22}…
光刻	光刻胶的涂抹	D	D_{11}, D_{12}…
	曝光	E	E_{11}, E_{12}…
	显影	F	F_{11}, F_{12}…
刻蚀	干法刻蚀	G	G_{11}, G_{12}, G_{13}…; G_{21}, G_{22}, G_{23}…; G_{31}, G_{32}…
	湿法刻蚀	H	H_{11}, H_{12}…
离子注入	离子注入	I	I_{11}, I_{12}…; I_{21}, I_{22}…
	扩散	J	J_{11}, J_{12}…
化学机械抛光		K	K_{11}, K_{12}…
清洗		L	L_{11}, L_{12}…

　　注：一般情况下，使用符号X_{ij}，其中X表示每道工艺的设备组，i表示不同的设备制造商和型号，j表示同一设备的不同编号，如几号机

图8-23　主要工艺步骤和设备组

顺便说一下，每台单独的设备都有一个"生产能力"[⊖]，即每小时可加工晶圆的平均数量，其大小取决于 IC 芯片每道工艺的加工条件。因此，在建造生产线时，必须根据生产量（为生产某一 IC 芯片而每月需要加工的晶圆数量）并考虑到每个设备的生产能力来确定要安装的设备数量。

▶ 从平衡生产线生产能力的角度来考虑问题

图 8-24 所示为在不同的设备能力下平衡生产线生产能力的例子。在图 8-24 中，各组设备按照每月处理的芯片数量递增的顺序排列。这种情况下，顶部加工数量最少的设备组 G_3 是个瓶颈，即整个生产线生产量的限速因素。从 E_1 开始的设备组的生产量都超过了 G_3 的生产量，超过部分被称为设备余量。换句话说，它是被浪费的设备生产能力。

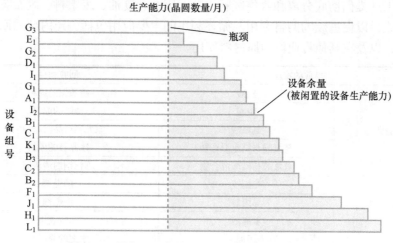

图 8-24　设备组生产能力和生产线生产能力的平衡

如果为了增加生产能力而增加了作为瓶颈的设备组 G_3 的设备数量，那么设备组 E_1 就会成为下一个瓶颈。

从上面的解释中可以看出，为了提高生产线的生产能力，必须"使每个设备组的处理能力尽可能接近同一水平"。从这个意义上说，生产线越大，通过调整单个设备的数量来减少设备的浪费就越有利，但这也有一定限度。也可以建造处理能力较小的设备，通过设备的数量来调整平衡，但这样做的缺点是设备的数量变得庞大。

因此，为了建造和维持生产线的高产能，必须综合平衡生产线的生产能力，包括设定适当的生产线生产效率，引进适当的设备，以及提高个别设备的生产能力。

———————————————————

⊖　生产能力：生产能力是指一台设备在单位时间内的生产加工能力。表示设备或器材在单位时间内处理能力的性能指数。

8.11　半导体工厂的零排放：循环型环保产业

零排放是联合国大学[注]在 1994 年提出的一个概念，旨在实现一个以回收为导向的社会。

它意味着有效利用工业活动产生的各种废物和副产品，从而提高资源的重复利用效率，将废物的最终处置量减少到零。

1. N 公司的熊本工厂实现零排放

今天，日本几乎所有的半导体工厂都实现了零排放，但最早实现零排放的是 N 公司的熊本工厂。如图 8-25 所示，N 公司的熊本工厂率先实现了零排放。为此，该工厂提倡彻底分离和收集废料，并对废酸、废油、废塑料、废石英玻璃等进行回收，以促进废物的再利用。循环利用的主要应用包括公司内部的回收和循环利用，以及在其他行业作为原材料使用。

排放的物质		回收利用
酸类	硫酸	硫酸铝的原料
	磷酸	磷肥的原料
	氢氟酸	氟元素产品的原材料
	氢氟酸与氨水混合物	冰晶石的原料
	氢氟酸与硝酸混合物	不锈钢的清洁液
有机物	光刻胶	助燃剂
	异丙醇	助燃剂
	剥离液	回收利用
其他	污泥	水泥的原材料
	金属残屑	金属冶炼的原材料
	塑料	助燃剂
	废布	回收后用于燃烧而获得热能
	机油	回收后用于燃烧而获得热能
	石英玻璃	陶瓷工业的原材料

硫酸铝：作为无机絮凝剂使用
冰晶石：用于铝的冶炼和乳白色玻璃的生产
污泥：中和废水和处理微生物后留下的沉积物
废布：用于清除机器上的油垢的抹布

图 8-25　生产废物和回收利用的范例

─　联合国大学：联合国大学是根据联合国大会决议成立的国际合作研究和培训组织，于 1975 年在日本东京设立。

例如，就酸而言，硫酸被用作无机絮凝剂硫酸铝的原料，磷酸被用作磷肥的原料。此外，氢氟酸与氨水的混合物被用作冰晶石的原料。冰晶石的主要成分是六氟铝酸钠化合物（Na_3AlF_6），用于铝的冶炼和乳白色玻璃生产。

有机光刻胶和异丙醇（IPA）被用作燃料添加剂。对于各种薄膜材料在刻蚀掩模时使用的光刻胶，去除它们的剥离液也得以再生利用。

此外，废水处理沉淀的污泥被用作水泥原料，金属废料被用作精炼原料，废塑料被用作辅助燃烧剂，废布和机油被回收后用于燃烧而获得热能。

在陶瓷工业繁荣的地区，石英玻璃还会被用作陶瓷工业[一]的原料（与土壤混合）加以再利用。

2. 半导体行业对资源保护的贡献

半导体行业不但是一个环保的、以回收为导向的行业，而且也对使用半导体芯片的所有行业在资源保护及效率提高上做出了重大贡献。

可以这么说，半导体行业是为整个社会（包括其他行业）的零排放做出贡献的行业。

8.12　半导体芯片公司的战略各不相同：英特尔、三星、台积电

IC芯片有各种类型，如逻辑芯片和存储器等。也有不同类型的产业模式（见图8-26），如整合器件制造模式（IDM）、晶圆代工[二]模式（Foundry）、部分晶圆代工模式（Fab light）和设计代工模式（Fabless）。就制造业而言，不同的产品和不同类型的企业有不同的思维方式（生产战略）。

▶ 制造什么和如何制造

英特尔公司制造的微处理器（MPU）包括架构在内，具有独特的功能。因此，是一个其他公司产品无法替代的IC芯片。在生产这种IC芯片的生产线上，引进的生产设备需要经过充分测试后才能采用。但是一旦决定采用，在复制到另一条生产线时原则上不作改动。英特尔公司将此称为"完全复制"，即以完全相同的方式复制。这是制造集成电路的有效生产策略，产品的基本附加价值在于要制造"什么"。

　⊖　陶瓷工业：对制造陶瓷、玻璃、水泥、砖块等工业的总称。泛指使用"窑炉"进行高温加工的行业。

　⊖　晶圆代工：一些主流晶圆代工厂商也参与设计可重用模组。（可重用模组指可以再次使用的模
　　　组，也叫IP核。在集成电路中指某一方提供的，形式为逻辑单元，在芯片设计中可重复利用的
　　　模组。IP核通常已经通过了设计验证，设计人员以IP核为基础进行设计，可以缩短设计所需的
　　　周期。——译者注）

产业模式	特点	代表性公司
整合器件制造模式（IDM）	设计、制造与销售自有芯片	（日本）瑞萨公司、尔必达内存公司（已破产重组）、东芝公司 （美国）英特尔公司 （韩国）三星公司 （欧洲）意法半导体公司
晶圆代工模式（Foundry）	不设计，只专门从事制造	（中国）台积电公司、联华电子公司、中芯国际公司
部分晶圆代工模式（Fab light）	保留生产设备，维持一定的生产能力，将部分生产外包	（日本）富士通微电子公司 （美国）德州仪器公司
设计代工模式（Fabless）	专注于设计，并100%外包生产	（美国）高通公司、超微半导体（AMD）公司、英伟达公司、博通公司 （中国）联发科技公司

IDM（Integrated Device Manufacturer）：整合器件制造公司

图 8-26　半导体行业的产业模式

三星公司在动态随机存储器和闪存方面拥有世界领先的市场份额。在存储器 IC 芯片中，产品的基本附加价值在于工艺加工技术，因此如何廉价和稳定地大量生产成为问题的关键。为此，必须根据加工技术和制造设备的改进，制造更精细的 IC 芯片，同时具有高精度、高稳定性和高产量。

基于这个原因，在升级现有生产线的部分设备或为新生产线选择新设备时，有必要调查最新的设备并相互比较，尽可能升级到最有利于生产的设备。当产品的基本附加价值在于"如何制造"时，这种方法可以说是一种非常有效的策略。

台积电公司⊖是世界领先的代工企业。代工是指不设计自己的产品，而只承担用户设计 IC 芯片的制造。制造公司当然必须迅速引进能够制造最先进 IC 芯片的设备，但在这种情况下，往往在很大程度上依赖设备制造商推出的新设备。相反，公司的真正优势在于高效的"生产系统"本身，它具有针对生产多种产品的灵活性、高产量和极短的生产周期。

典型产品和生产商见图 8-27。

产业模式	主要 IC 芯片	代表性生产商	附加价值的来源
系统厂商	微处理器（MPU）	（美国）英特尔公司	功能（制造什么）
系统厂商	存储器	（韩国）三星公司	工艺加工（如何制造）
晶圆代工	逻辑芯片	（中国）台积电公司	生产系统

图 8-27　典型产品、生产商和产业模式的特征

⊖　台积电（TSMC）公司：世界最大的半导体代工企业，其主要客户是设计代工的公司。

8.13　半导体设备制造公司是否会泄露机密：突然从蜜月期转为不信任

在半导体工业发展的早期阶段，特别是在日本，制造设备的开发和量产设备的改进完善是在半导体芯片制造商的技术指导下进行的。这是因为使用这些设备的半导体芯片制造商从实验和大规模生产中积累了丰富的经验和技术，这些经验和技术被反馈给设备制造商，用于改进完善新的开发设备和旧的现有设备。

不可否认的是，这促进了日本的半导体芯片制造商和设备制造商⊖形成特殊的关系与感情。根据我在半导体芯片制造和设备制造行业的经验来分享一下我的个人观点（见图 8-28）。

1. 设备制造商的技术泄露

当日本的半导体产业发展良好时，并没有听到多少这样的声音，但随着韩国迅速崛起，开始听到某些声音。这就是"在日本半导体设备中积累的制造技术，通过设备泄露到了其他国家"。也许这并不完全是谣言，但如果重要的技术真的无法得到保护，那是由于没有或缺乏知识产权战略而造成的。不幸的是，在这个意义上，"贫穷限制了思维"的印象仍然存在。

2. 半导体制造商的部分工作移交给设备制造商

随着半导体行业的变化，只承担生产制造的代工厂商等逐渐出现，并开始依靠设备制造商来完成相当一部分工作，包括过去完全由半导体芯片制造商承担的构建工艺流程。与此相应，设备制造商现在不仅能够开发单独的设备，而且还能开发考虑到工艺流程的小型半导体生产线的联机设备。

3. 与商业惯例有关的应收账款

当日本的半导体芯片制造商和设备制造商之间的应收账款支付条件与其他国家的不同时，问题就会浮现出来。在日本，一般付款是在验收后 6~9 个月，而日本以外的半导体芯片制造商一般在验收当月就支付 90%，其余部分在下个月支付。由于在日本债务回收期较长，这给日本设备制造商的管理带来了压力。如

⊖　半导体设备制造商（日本）：主要有生产曝光设备的尼康公司和佳能公司，生产热处理炉和沉积设备的东京电子公司，生产清洗设备的迪恩士集团（SCREEN），生产超纯水设备的 ORGANO 公司和栗田工业公司。

果我们真的要改变这些商业惯例[○]，包括政府在内的所有行业都必须做出认真的
努力。

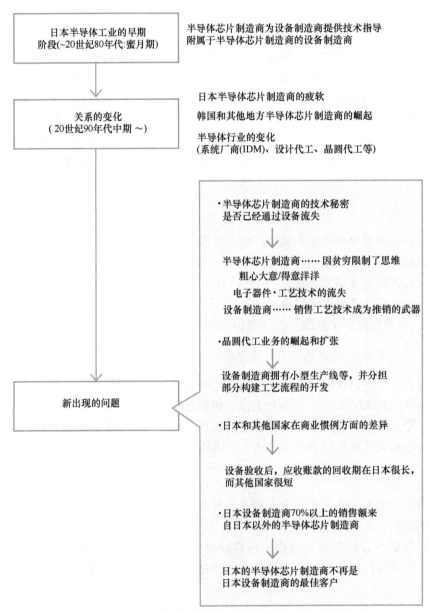

图 8-28　日本半导体芯片制造商和设备制造商之间的关系

8.14　紧急电源对策：电力不足时的优先对策

如果半导体工厂的供电系统发生故障，将会造成广泛的损害。因此，工厂需要采取适当的措施，以应对雷击和降雪等自然灾害造成的电压波动，或因其他大型的工厂施工作业而引起的电源关停。

在半导体工厂，无尘室必须保持运行，否则无法维持半导体生产所需的清洁度。此外，所有生产设备都由电能驱动，同时包括生产设备在内的生产系统是通过计算机网络的信息处理来操作、控制和管理的。出于这个原因，采取了各种措施来保护工厂的生产设备及辅助设备，以免受到供电问题的影响。

▶ 适用 30min 以内停电的不间断电源

典型的使用示例是不间断电源（UPS）[⊖]。如图 8-29 所示，不间断电源一般由将交流电转换为直流电的整流器、将直流电转换为所需频率的交流电的逆变器和蓄电池组成，在 30min 以内或瞬间停电的情况下，提供储存在蓄电池中的电力。即使是正常时期，由于逆变器提高了供电质量，因而能防止供电问题对设备的影响。

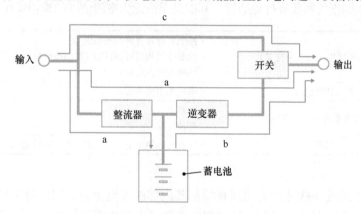

a：正常的电流流向：一部分通过整流器和逆变器提供高质量的电力，另一部分给蓄电池充电

b：当输入电源中断时，由蓄电池通过逆变器提供交流电源

c：当逆变器出现故障时，直接供应交流电

图 8-29　不间断电源系统（UPS）的示例

⊖　不间断电源：在正常运行时，不间断电源（UPS）也可以作为一个稳定的电源。

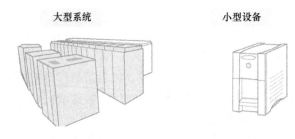

图 8-29　不间断电源系统（UPS）的示例（续）

不间断电源可用于各种规模的设备，从大型系统、设备组到单独的设备、计算机和网络元件。因此，不间断电源有时被称为 CVCF（恒定电压和恒定频率），因为它们向负载设备提供恒定电压和恒定频率。

▶ **紧急情况下的自备发电设施**

然而，如果停电的时间超过不间断电源的供电极限，工厂内部的自备发电⊖设施将被起动，该设施通过燃烧工厂储备的重油来发电。当然，内部发电设施不能提供所有的电力。出于这个原因，如图 8-30 所示，优先考虑的是与安全相关的设备数据的备份，如废气和废液排除装置。其次是保持无尘室清洁度的维护操作等。

第一优先顺序（与安全有关）	·控制有毒和有害物质的供给 ·控制废气和废液的排除（吸附或燃烧） ·纯净水的供应和回收
第二优先顺序	·维持无尘室的运转
第三优先顺序（控制系统）	·计算机 ·各种终端
其他	·所有其他使用电力的装置、设施和设备

图 8-30　使用自备发电设施的优先供应顺序

此外，最近一些芯片公司正在增加其内部的发电能力，以保持半导体工厂的供电稳定，来应对电力问题，如计划停电和核电事故意外导致的电力短缺。

8.15　无尘室的健康检查：走马观花的检查团

当我在 N 公司的 Y 生产部门工作时，当时日本学术会议机构⊖的主席和其他

⊖　自备发电：在正常情况下使用成本很高。

⊖　日本学术会议机构：日本学术会议机构是日本科学家的代表机构，于 1949 年依据《日本学术会议法》成立。

几位成员曾经访问该公司并视察工厂。我记得当时参观的目的是了解无尘室的实际环境条件，并调查无尘室与员工健康之间的关系。

该公司首先介绍了工厂情况，并解释了一般事项，如无尘室与当地社区的联系，但没有介绍与员工健康关系的任何具体数据。事实上，本来就没有数据。因此，在我的印象中，如下面所示，问答环节仅仅是一个没有什么依据的聊天话题。

问：无尘室是一个极其干净的环境，会不会使感冒和其他疾病更容易治愈？

答：有这种可能性，但我不确定。

问：操作人员大约有一半的时间是在无尘室中度过的，是否有任何案例表明他们因此而抱怨健康状况不佳？

答：没有，没有这样的投诉。

问：在无尘室中，用特殊的衣服覆盖全身，在一个特殊的、与世隔绝的环境中工作。这对心理健康有什么影响吗？

答：我们没有这样的数据，也没有看到任何外部数据，所以我们不能确定。

▶ 化学品和辐射的影响是什么

上述状况在今天仍基本没有改变。

相反，正是无尘室中使用的化学品（如有机溶剂、有毒气体）和辐射的影响，使无尘室工作与疾病之间的关系成为具有争议的法律问题。在涉及设备维护的工作中，普遍怀疑无尘室的环境与癌症和呼吸系统、内脏器官、生殖系统和神经系统的健康问题有关。尽管还没有确定明确的定量因果关系，但在建造和维持无尘室运行方面必须引起足够的重视。

日本半导体"复活的药方"

9.1 半导体业界面临巨大的变革

2012 年 2 月 27 日,日本唯一的动态随机存储器(DRAM)制造商尔必达内存公司根据《日本企业重组法》申请保护。作为日本制造业有史以来最大的破产案(负债总额为 4480 亿日元),这一消息不仅震惊了整个半导体行业,而且在整个工业界、政府和学术界,甚至在普通民众中都疯狂传播。

这种震惊所引起的思考大概分为两大类。那些熟悉半导体行业的人表示不甘心和失望,说"终于有这一天了",而那些不熟悉该行业的人则表示惊讶和感叹"不可能,不可能"。

日本的半导体产业在 20 世纪 80 年代取得了重大突破,并在 80 年代末上升到了绝对的领先地位,全球市场份额超过了 50%。然而,在 20 世纪 90 年代达到顶峰后,该行业陷入了衰退状态,就像从斜坡向下滚动一样,现在已经过去了二三十年,没有看到下滑形势的好转。

虽然所涉及的公司、行业、相关部门以及国家没有袖手旁观,但其结果可以说毫无疑问是"失败"的。

在这种背景下,虽然这不是本书的主题,但作为一个长期在半导体行业和半导体生产设备行业工作的人,我认为考虑日本的半导体行业如何陷入这种困境,行业的变化和未来的应对措施也符合出版本书的目的。

我们相信,将日本半导体行业面临的问题作为自己行业的问题来思考,对日本的其他行业也有一定帮助。还是让我们先来看看半导体行业内发生的主要业界变化吧。

▶ 设计代工和晶圆代工的崛起

直到 20 世纪 80 年代中期，所有的半导体制造商都是我们现在所说的 IDM 模式，即由本公司负责设计、制造和销售业务。英特尔公司、NEC 公司、富士通公司、日立公司和东芝公司都是如此。

然而，自 20 世纪 80 年代末以来，以下这两项新业务利用垂直分工的协同效应开始发展壮大。

1）设计代工 = 没有生产线，只承包设计业务。

2）晶圆代工 = 没有设计业务，只承包制造业务。

设计代工和晶圆代工在全球半导体销售额的占比一直在稳步快速地增长，特别是自 1995 年以来，设计代工和晶圆代工已经分别增长到 20% 和 10% 以上。

个人计算机的增长和普及使垂直分工模式成为可能，随后移动电子设备如手机的爆炸性增长，进一步促进了这种商业模式。

设计代工的公司不需要大量的资本，因为他们没有工厂。只要在特定的应用领域，拥有同时精通软件和硬件方面的工程师，就有可以使用标准电子设计自动化（EDA）⊖软件，设计出高附加值的片上系统（SoC）⊖。

换句话说，这是一个只要你有合适的技术人员，就能进入的相对容易的行业。

晶圆代工的主要业务是承包加工制造的业务，因此需要大量的投资。同时，他们不仅为没有工厂的设计代工公司承包生产任务，也为整合器件制造公司（IDM）承包生产任务，因此其优势是能够充分有效地利用他们的生产线，而不让其闲置。此外，主要的晶圆代工工厂最近建立了自己的可重用模组 IP⊖库，包括通用及外围电路的可重用模组，并将这些信息提供给设计代工公司。由此带来了双重好处：设计代工公司不仅可以专注于他们的核心设计，还可以缩短设计时间。

这样一来，晶圆代工本身就不再是简单的合同制造业务，而是在开发阶段通过与设计代工公司的合作，提供出最优化的 SoC。

现在我们将尝试从几个方面来看看日本半导体企业衰落的原因。

⊖　EDA：电子设计自动化（Electronic Design Automation），用于半导体和电子设备自动化设计的软件、硬件或方案的总称。

⊖　SoC：片上系统（System on Chip），在单个芯片上具有特定系统功能的集成电路，或者有时也指实现这种集成电路的设计方法。

⊖　IP：知识产权（Intellectual Property），这里指设计资产。

9.2 日本半导体衰落的原因

日本半导体企业衰退的内在原因如下。

9.2.1 成本战略：堆叠成本法的愚昧

在日本的半导体制造商中，从经营层到管理层，甚至下至生产线的负责人，都缺乏成本意识。再说明白点，作为一个公司实体，没有成本战略。

公司的最高经营层本来应该以以下的形式发出指示"为了控制 ××× 日元的成本，每个部门都应该考虑他们应该做什么"，而不是以累积叠加的方式做出成本决定。

缺乏成本战略可以归结于这样一个事实，即日本的主要半导体制造商，除了东芝公司之外，都是作为综合电子制造商（例如 NEC、日立、富士通等公司）的下辖业务部门而起家的。

综合电子制造商在向日本电报电话公司（现在的 NTT 公司）供应产品时，我们能够以基于"堆叠成本法"的价格出售产品，即实际支出的成本加上"适当的利润率"。例如，目前正出现定价问题的东京电力公司，其电力定价计算方法与这种"堆叠成本法"如出一辙。

然而就半导体，特别是对毫无差别的动态随机存储器（DRAM）而言，制造商众多，完全是一个打价格战的买方市场。例如，如果世界上有五家能够提供 DRAM 的制造商，现实情况是只有前两家公司能获利，而其余的制造商都会亏损。因此，对于存储器制造商来说，进入顶级集团还是进入底层集团是一个生死攸关的选择，而没有重视成本战略的日本制造商除了撤退，别无选择。

9.2.2 技术战略的落伍：落后的开发环境

除了成本外，还有一个问题是半导体芯片设计中的设计自动化的工具问题。在 20 世纪 80 年代末和 90 年代初，半导体设计充分利用了计算机辅助设计（CAD），如图 9-1 所示，功能设计→逻辑设计→电路设计→布局设计的自上而下的分层设计方法开始被广泛使用。这种方法已经变得必不可少，特别是对于逻辑系统和 SoC。与此相对应，EDA 软件供应商，如 Cadence、Synopsys 和 Mentor 等公司都增加了市场占有份额。

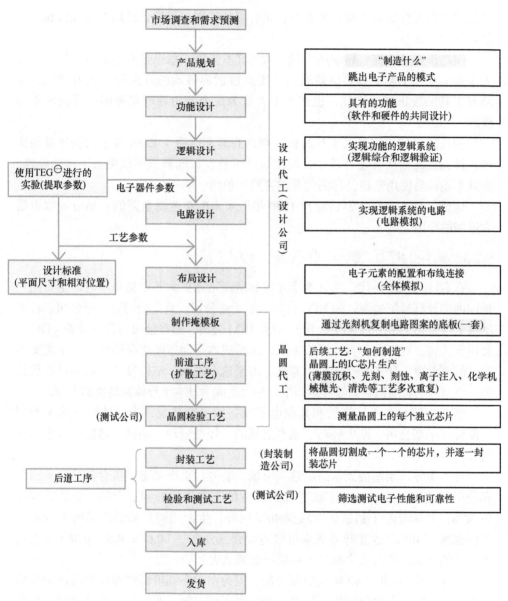

图 9-1　半导体制造工艺的流程示意图

但是日本主要的半导体制造商都自己设计专用的自动化工具，并使用自己的专用工具用于产品开发。事实上，他们中的一些人甚至认为，自己的 EDA 工具

⊖　TEG：Test Element Group，一般指测试用的芯片。一般是用于研究和评估半导体设计、工艺、制造和可靠性的电子要素，或用于此目的的掩模板。

是公司引以为自豪的强项，本着对公司有利的原则，只能自己用，不允许在公司之外与大家共享。

但结果是什么呢？做饼还需做饼人（日本谚语，意思是专业的事还是专业的人来做），由 EDA 工具供应商提供的工具被世界各地的许多设计者所使用，并随着工具的改进和标准化，也产生了大量为每个使用领域服务的优秀的可重用模组。

相反，坚持使用自己工具的日本制造商渐渐落后于 EDA 技术的快速发展进步，被抛在滞后的开发环境中，使用这些工具设计的数据不仅失去了多功能性，而且不能轻易使用来自外部的优秀的可重用模组。

这就是日本半导体制造商自 1990 年以来未能在逻辑电路的产品方面取得重大进展的原因之一。

9.2.3　错误的产品战略：看不懂的上层想法

在 20 世纪 80 年代，当日本半导体制造商迅速扩大其市场份额时，主要用户是国内的计算机制造商，如 NEC 公司、富士通公司、日立公司、东芝公司、日本电报电话公司（现在的 NTT 公司），以及 IBM 公司、惠普公司和数字设备（DEC）公司等公司。对于这些行业巨头来说，虽然成本是动态随机存储器的一个重要因素，但更首要的任务是性能和可靠性。由于这个原因，结构复杂、制造过程较长的"重型"动态随机存储器应运而生，并因此成为日本半导体制造商的专长。

然而，随着个人计算机和其他电子设备的迅速普及，半导体用户从大型制造商转向小型公司，使更轻巧、成本更低的"轻型"动态随机存储器的需求迅速增长。

日本半导体制造商无法适应这一市场，而专门生产动态随机存储器的美国美光公司则使用比日本半导体制造商少 40% 的工艺流程来制造产品。制造流程减少 40%，意味着除了制造成本减少 40% 以外，生产相同数量的产品所需的资本投资也减少 40%，这意味着成本可以减少到三分之一（$0.6 \times 0.6 = 0.36$）（当然还有其他因素，所以成本减少量可能没有那么大）。

因此，从 20 世纪 90 年代中期开始，因为在动态随机存储器领域的市场份额大幅下降，同时在微处理器领域又未能获得市场份额，所以日本半导体制造商的衰落趋势是不可避免的。

当时，日本半导体制造商的最高经营层采取的策略是"从现在开始发展（SoC）"。

SoC 除了一般的逻辑电路外，还包括如中央处理器（CPU）的功能电路，如静态随机存储器（SRAM）的记忆电路，甚至在某些情况下还包括动态随机存储器和模拟电路。换句话说，在 SoC 出现的背后，是随着设计和制造技术的进步，已经创造了一种环境，在这个环境中，一个整体的功能电路块可以作为一个可重用核心模组⊖来使用。

　　然而仔细想想，"发展 SoC" 的说法似乎有些奇怪。因为 SoC 只是一种设计方法或电路配置方法的名称，而不是动态随机存储器或微处理器等具体产品的名称。因此，许多从事半导体的人可能会想："我们知道 SoC 的重要性，但我们要用它来做什么？"

　　说得难堪一点，这不过是经营管理层在遇到困难情况下的绝望无助，或者是一位不熟悉情况的高层管理人员在其亲信的建议下跳出来的一句口头禅。这是因为 SoC 芯片本身结合了逻辑芯片、静态随机存储器，甚至包括动态随机存储器和模拟电路，所以设计和制造的成本反而进一步上升。从商业成本来看，对 SoC 芯片的生产来说，相对高的价格，相当数量的产量都是不可缺少的。

　　事实上，当涉及 SoC 时，日本半导体制造商还有一个问题。也就是说，从 20 世纪 90 年代开始，当 SoC 业务开始起飞时，前面提到的代工业务的兴起导致了一种基于相互补充的，垂直分工的新产业方案的建立，称为 "设计代工 + 晶圆代工"。

　　基于在电子元器件各个应用领域的技能和知识，设计代工公司充分利用标准 EDA 工具来创建多功能的可重用核心模组，然后用它来从事设计业务。特别是随着移动电话等移动设备的爆炸性增长，在通信领域拥有卓越技术和高速开发能力的设计代工公司的存在感会越来越强。

　　其结果是，设计代工公司设计的 IC 芯片被外包给拥有先进生产系统的晶圆代工厂商，并以高效的方式供应给市场。

　　相比之下，日本半导体制造商开发的大多数 SoC 都是公司内部使用或用于日本国内的家电产品，而不是对外销售。例如，其移动电话中使用的核心芯片自然是与公司内部的设备部门密切合作开发的，但由于是设备部门的技术机密，所以不可能向外界公开销售。

　　因此，以这种方式开发的核心芯片从诞生之初就不会面向公开市场，不可能成为通用的业界标准。此外，随着日本国内市场对芯片需求的增长下降，用于家用电器等电子设备的 SoC 的数量也难以增长。

　　逻辑运算芯片（也被纳入 SoC）的功能分类如图 9-2 所示。日本半导体制造商至今善于为国内市场定制专用集成电路（ASIC）产品。然而，在可以大量销

　　⊖　可重用核心模组：与可重用模组意思相同。术语 "某某可重用核心模组" 指该可重用模组在某些方面的专业性。例如，"图像处理的可重用核心模组" 指专用于图像处理的可重用模组。

售的标准产品领域，特别是在特定应用标准产品（ASSP）和现场可编程逻辑门阵列（FPGA）领域，他们已经远远落后于设计代工公司，也没有像晶圆代工厂商那样拥有高效的 SoC 芯片的专用生产线。

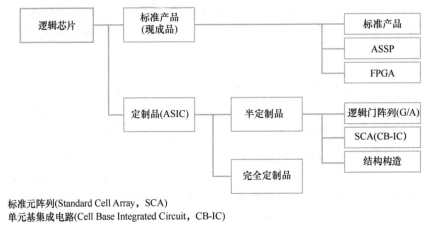

标准元阵列(Standard Cell Array，SCA)
单元基集成电路(Cell Base Integrated Circuit，CB-IC)

图 9-2　逻辑芯片的功能分类

曾几何时，日本顶级的半导体制造商也声称，"采用先进技术的 SoC，代表着高度的细微化，需要设计和制造之间更精细的协调。基于此，设计代工＋晶圆代工的分工体系有其局限性，只有 IDM 才是唯一的解决方案"。

但历史的发展却恰恰相反。而且普遍现象是，日本一些拥有先进技术的 IDM一直无法为制造先进产品的生产线筹集足够的资金，而不得不将生产外包给晶圆代工厂商。

9.2.4　半导体部门的悲哀：作为综合家电制造商的一个事业部门，新兴而且特殊

半导体行业具有硅周期性，在过去近 40 年中，几乎每四年就会出现一次繁荣与萧条的周期性商业循环。然而，市场本身在中长期内保持着较高的增长速度，因此对于半导体公司来说，"投资时机"可以说是生死攸关的问题。换句话说，该行业的结构特点是这样的，即在经济萧条期间进行资本投资和增加产能，然后在经济上扬时提高产量来获得高额的市场份额。

然而，日本的主要半导体制造商，无论是日立公司、NEC 公司、东芝公司还是富士通公司，都无法采取积极的投资战略，因为它们只是综合家电制造商的一个业务部门。半导体业务被定位为公司内部的"新兴部门"，而不是诸如电力、电信、计

算机和核电等既有业务部门，这些部门一直以来都是公司的重要基础部门。

还有一种根深蒂固的看法是，半导体芯片只是电子设备的组成部分，而不是直接面向最终用户的最终产品。因此，在开发新产品和提供通用标准产品方面，半导体部门和公司内部的其他业务部门之间出现实际冲突是很常见的。

从其他部门的角度来看，半导体在经济繁荣时期卖得非常好，但在经济衰退时期也急剧下降，可以说是公认的烧钱大户。在这种情况下，没有任何管理高层有勇气在经济衰退期间进行数百亿日元或更多的大型投资。

相比之下，日本以外的半导体公司的管理高层自然对半导体业务的特点十分了解，并能够采取大胆和适当的措施增产。

9.2.5 并购失败：没有力量的弱弱联手

为了应对半导体制造商不可阻挡的衰退，半导体行业已经进行了几次重组，部分是在日本经济产业省的指导下进行的（见图 9-3）。例如，1999 年，NEC 公司和日立公司的存储器部门合并，成立了 NEC 日立存储器公司（后来改名为尔必达内存公司），这是一家专门生产动态随机存储器（DRAM）的厂家。2003 年，又接管了三菱电机公司的动态随机存储器业务。

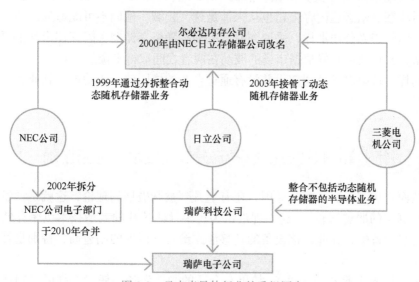

图 9-3 日本半导体行业的重组历史

2003 年，日立公司和三菱电机公司的微处理器及系统芯片部门合并，组成瑞萨科技公司。2010 年，瑞萨科技公司和 NEC 公司的电子部门合并为瑞萨电子公司。

虽然这两家新创立的专业半导体制造商在形式上应该能够独立地从市场上筹集资金并管理他们的业务，但实际上，原来的母公司是主要股东。即使在分开后，也在各方面行使控制权，限制了新公司的自由决断权。

而且在质量和数量上都存在着更严重的问题。在数量上，两家合并后的公司都没有大到足以在任何特定商业领域中获得全球市场的主导份额。说得不好听的话，就是一个弱势联盟。

在半导体行业，占有顶级的市场份额会带来有形和无形的优势。例如，它使公司能够迅速获得市场信息和其他相关信息，并在其竞争对手之前获得（试用）新开发的制造设备。当然也将能够从市场上吸引更多的资金，并能够以财务健全的方式管理其业务。

然而，这两家公司，尤其是尔必达内存公司，根本没有享受到这些优势。在质量上，这两起合并案未能在不同产品领域产生协同效应⊖。例如，尔必达内存公司基本上是一个只有单一产品（动态随机存储器）的制造商。然而，随着移动设备（如手机和数码相机）的普及，闪存（一种非易失性存储器，即使关闭电源也能继续存储数据）变得越来越重要，而动态随机存储器则是一种易失性存储器，即关闭电源就会失去数据。然而，NEC 公司和日立公司在闪存方面一直处于落后状态，尔必达内存公司也从未涉足这一领域。他们不可能像韩国的三星公司或美国的美光公司那样，采取同时拥有动态随机存储器和闪存作为其主要产品的策略，并在任何时候根据市场的波动在两者之间取得平衡。

同样，瑞萨电子公司似乎并没有通过合并的协同效应成功地对其业务进行质的转变。

行业知识："设备业界流失专业技术"是否正确

然而，比起行业衰落的原因，还有上升到被判极刑的理论，这就是"设备制造商是真正的罪魁祸首"。这一理论认为，半导体芯片的制造技术机密存储在半导体制造设备中，并通过该设备的转移泄露给日本以外的制造商，特别是韩国的制造商。

这个话题之前就讨论过，"如果有合适的制造设备，任何人都可以制造半导体芯片吗？"（参见 8.13 节）。日本的主要半导体芯片公司都有附属公司，并与设备制造商一起共同开发设备。毫无疑问，在这个过程中，半导体芯片技术本身

⊖　协同效应：通过适当的业务和管理资源的组合，创造出 1+1 > 2 的效应。

以各种形式体现在制造设备上。

不过那些声称 "技术机密已经丢失" 的人一般会引用以下原因。"在半导体制造中，许多工艺之间（或许多部门之间）的技术协调至关重要，而这正是日本公司最擅长的领域。这使日本半导体在世界范围内取得了长足的进步，并最终积累和体现在生产设备中。而随着设备的出口，半导体芯片的制造技术作为一系列附带技术，可以说是流向了日本以外。"乍看之下，这似乎很有道理。

然而并非如此。为了实现特定产品及其制造过程所需的设备参数，半导体制造商根据各种实验设定最佳条件，并将这些配方⊖用于产品加工。需要众多的配方和复杂、微妙的组合来实现所需的设备参数要求。由于这个原因，因此是由半导体芯片制造公司选择和配置设备，而不是设备制造商来选择。

从上述解释中可以看出，仅仅通过组装购置生产设备是不可能生产出半导体芯片的。从半导体开发到制造的整个工艺中，有必要了解和掌握每道工艺特性，然后得出产品在每道制造工艺中所需要的设备功能。

因此，也不能说日本半导体芯片技术通过制造设备而流失的说法是完全没有道理的，但应该考虑到 "只有在使用设备参数后，才有条件说到技术机密的流失"，而冷淡对待或赶走有能力的工程师（迫使他们在其他国家寻找工作），这才是管理层需要对此负责任的。

9.3　复活的药方

日本的半导体产业如何才能重振雄风？让我们来探讨一下这个 "药方"。

9.3.1　消减成本：直接取消光刻工艺如何

如果半导体行业的从业人员看到这个标题，认为是 "不可思议" 的话，那么现阶段可能很难恢复活力。这是因为我不是简单地问是否应该取消光刻技术，而是问我们是否准备从根本上改变自己的半导体制造方式。

虽然像过去一样通过关注产量的提高来降低成本当然很重要，但也必须考虑在这个时期进行战略性的成本削减。

如果实现目标似乎极其困难，那么就应该放弃发展本身。如果一旦决定发展，所有部门都必须实现既定的目标，根据最高管理层的指示将其纳入个人成本目标，而不是使用传统的堆叠成本法，即由上而下的指令 "实现 ×××日元的

⊖　配方：Recipe，最初是对一道菜的成分和烹饪方法的描述。半导体制造设备的配方包括温度、压力、气体流量和其他对半导体生产至关重要的工艺参数。

成本"。

为了让工程师在开发产品时有强烈的成本意识，他们需要定期充分了解和掌握其工作对成本的影响（成本结构）。因此，会计部门和其他部门需要向所有相关人员提供有关成本结构的知识教育和培训。

例如，通过"减少半导体制造过程中的光刻工艺，产品的成本可以降低多少？"来时刻提醒自己。如果你坚持现有的理念，战略成本的削减是不可能的。

9.3.2　决战"万能存储器"：打开火爆的新兴市场

在诸如动态随机存储器和闪存这样的品种少而产量大的产品中，已经不可能再追求差异化，日本基本上不可能追上已经领先的韩国。

如果尔必达内存公司没有被收购，那就有必要对行业进行大刀阔斧的重组，比如整合尔必达内存公司和东芝公司的闪存部门，通过同时拥有动态随机存储器和闪存来实现符合市场变化的平衡管理，并创建一个有足够竞争力的公司来参与全球市场竞争。

然而，现在尔必达内存公司被美国的美光公司收购，所以必须考虑不同的发展方向。

如果我们再看一看下一代存储器，就会意识到一个重要的技术创新。这就是万能存储器⊖，它是一种结合了动态随机存储器和闪存两者优点的产品。

万能存储器具有以下特点

1）如闪存一样的非易失性，即使关闭电源也能继续存储信息。

2）如动态随机存储器一样的随机访问功能，可以高速写入和读出。

目前，世界各地正在研究和开发各种可能发展的技术，竞争十分激烈。日本在这一领域并不落后太多，希望以半导体行业为引擎，率先建立一种世界领先的技术，并通过汇集其他行业、国家研究机构和大学，利用工业、学术和政府的智慧引导出成功的商业模式。

在不久的将来，这种万能存储器是一个很有前途的候选产品，可以作为通用商品⊖赢得巨大的市场，并有可能成为日本半导体工业复兴的关键之一。一旦这项技术建立起来，除了作为单一存储器产品使用外，还将扩大应用于中央处理器（CPU）和逻辑类产品的可能性，从而降低功耗，实现新的架构。

此外，不是简单地将万能存储器开发过程中获得的新核心制造技术百分之百

⊖　万能存储器：从功能的角度来命名。也被称为功能存储器，因为它利用了新材料的新功能和原理。

⊖　通用商品：指日常用品、商品和通用产品。这里指的是不同制造商生产出来的，同一产品类别中性能和功能差异不明显的产品。价格是主要的差别。

地反映到制造设备中，而是希望半导体芯片制造商想办法取得主动权。例如，芯片制造商将一部分的核心技术（包括硬件和软件）设定为可选项目，并与标准设备对接后才能使用这些功能。

同样，作为复兴战略的一部分，工业界、政府和学术界必须共同努力，开发万能存储器。通过领先于世界其他国家的开发并投入实际使用，靠存储器使日本再次回到第一的位置并非梦想。

9.3.3 建立下一代、下两代的代工工厂及产业

谈到代工业务，我不赞成急于在日本建立与台积电公司（代工行业第一）和格罗方德公司（当时代工行业第二）一样的代工工厂。如果这样，我们只会追随他们的脚步。

相反，我认为日本应该着眼更先进的代工工厂，瞄准领先一代或两代的技术优势。这不仅要求半导体行业，而且要求工业界、政府和学术界一起行动。

除了坚持日本一直擅长的半导体制造技术和最先进的高效生产系统外，还应该对台积电公司和其他同类公司的代工业务进行彻底调查和研究，吸收学习后，增加对用户有吸引力的新元素。

同时，半导体芯片制造商必须努力开发与先进的代工工厂相匹配的新产品，并为此努力提高其设计技术能力。工业界、政府和学术界也必须共同促进设计代工公司的发展，为每个应用领域设计具有特殊性的产品，并将它的制造外包给领先的代工工厂。

9.3.4 培养具有综合判断素质的技术专家

现在迫切需要培养优秀的工程师。例如，在公司内部的每个技术领域都需要拥有丰富知识和卓越技能的工程师，这是理所应当的。不仅如此，还要有意识地培养能够跨领域思考和实践的技术专家。

具体来说，能够通过设计和制造两方面做出综合判断的工程师，或者是既了解软件又了解硬件的工程师，能够根据半导体芯片的应用环境，在芯片设计中提出并实现软件和硬件的最佳分离。

为了培养这样的人才，有必要在公司内部进行系统的轮换工作，并积极从公司外部获取优秀人才。为此，各部门的负责人应掌握"本部门要实施的项目内容"和"缺少的人员类别以及人员数量"，并向人事部门提出这一信息。"尽量不聘用集团内其他公司已离职的人"是以往的招聘原则，这种原则简直愚不可及。同样重要的是，不要根据年龄来拒绝转职的工程师。

一家公司的好坏取决于它的员工。作为先进技术领域的半导体行业也是如此。只不过，对人才的要求发生了变化。

除了以往的"具有合作精神并能在团队合作中执行决定的人"之外，如果公司没有一种氛围、文化或制度来重用"具有不同技能，拥有独特创新能力的人"，公司是不可能长久发展的。

此外，不仅要从公司内部和外部物色合适的人员来担任未来的行政和管理职位，而且还要让他们在公司的各个部门获得经验，并通过国外学习和派驻，培养他们在技术和管理方面的广阔视野、长远眼光和深邃的洞察力。

9.3.5　支持新的应用产业

在包括税收在内的制度方面，日本现行制度的弊端是显而易见的，尤其是与韩国相比。在面对特殊情况的时候，特别的例外措施是必不可少的。也有必要启动战略性的国家项目[⊖]，以促进和发展半导体产业，并通过这些项目促进发布更多的产业支持政策和措施。

9.3.6　捕捉东南亚市场的需求

在逻辑芯片方面，半导体芯片制造商进行战略营销以准确识别日本以外的需求，特别是东南亚市场的需求，同时使这些产品商业化的商业模式将变得更加重要。此外，着眼于未来，有必要进一步加强与各领域终端设备制造商的合作，共同快速开发必要的半导体产品，以创新出各领域所需的特色整套产品，并使其成为全球标准。

结束语

日本的半导体行业正处于灭亡的边缘。在日本作为"工业之米"（又称"工业细胞"）的半导体芯片被用于个人计算机、大型计算机、有线及无线通信设备、智能手机、移动终端、消费电子产品、各种工业设备和汽车等，并支撑着我们这个高度信息化的现代社会。

因此，半导体行业的撤退将对众多的工业部门产生巨大的负面影响。有些人认为，半导体芯片可以从廉价的外国供应商那里买到，但事实并非如此。这是因为半导体"既是产品又是系统"。

而如果日本半导体产业消失，使用它的工业部门也将变得脆弱，并将逐渐衰

⊖　国家项目：国家主导的半导体项目应该是大型（数万亿日元以上）和长期的，明确了具体战略目标的项目，而不是小目标的合成。

退。日本半导体产业的衰落必然对许多其他产业产生负面影响。为了重振日本的半导体产业，必须停止下降的趋势，至少在今后的两到三年里，必须创造一个上升的契机。

　　为了实现这一目标，有必要考虑并实施这里讨论的项目。日本半导体产业能否复兴，不仅取决于相关人员的决心和意志，也取决于整个工业界。只要不放弃地接受挑战，通往未来的大门就会打开。